城市滨水绿道景观设计

马潇潇　著

江苏凤凰科学技术出版社·南京

图书在版编目 (CIP) 数据

城市滨水绿道景观设计 / 马潇潇著 . -- 南京 : 江
苏凤凰科学技术出版社 , 2022.2
ISBN 978-7-5713-2677-7

Ⅰ . ①城… Ⅱ . ①马… Ⅲ . ①城市道路－道路绿化－
景观规划－研究 Ⅳ . ① TU985.18

中国版本图书馆 CIP 数据核字 (2021) 第 274464 号

城市滨水绿道景观设计

著　　　者	马潇潇	
项 目 策 划	凤凰空间 / 夏玲玲	
责 任 编 辑	赵　研　刘屹立	
特 约 编 辑	夏玲玲	

出 版 发 行	江苏凤凰科学技术出版社
出版社地址	南京市湖南路 1 号 A 楼，邮编：210009
出版社网址	http://www.pspress.cn
总 经 销	天津凤凰空间文化传媒有限公司
总经销网址	http://www.ifengspace.cn
印　　　刷	河北京平诚乾印刷有限公司

开　　　本	710 mm×1 000 mm　1/16
印　　　张	10
字　　　数	144 000
版　　　次	2022 年 2 月第 1 版
印　　　次	2022 年 2 月第 1 次印刷

标 准 书 号	978-7-5713-2677-7
定　　　价	68.00 元

图书如有印装质量问题，可随时向销售部调换（电话：022—87893668）。

目 录

第一章 绪 论

第一节 研究背景、研究目的及意义

2016 年 2 月，中共中央、国务院印发了《关于进一步加强城市规划建设管理工作的若干意见》，明确提出优化城市绿地布局，构建绿道系统，实现城市内外绿地连接贯通，将生态要素引入市区。此前出台的《国务院关于加强城市基础设施建设的意见》也提出，结合城乡环境整治、城中村改造、弃置地生态修复等，加大绿道、绿廊等规划建设力度。各地住房和城乡建设（园林绿化）主管部门多措并举推动绿道建设。

湖北地区提出长江经济带生态保护与绿色战略，到 2020 年，已建成沿江森林生态体系，建成绿色通道 3 000 千米，有效保护 668.47 万公顷现存天然林；林地保有量将达到 860.67 万公顷，林业系统国家级保护区总数达到 18 个，湿地面积保持在 144.5 万公顷以上，林业总产值达到 5 000 亿元，实施新一轮退耕还林 16 万公顷。随着武汉东湖绿道的建设，其他地级市也相继开始绿道建设，绿道作为维护生态系统完整性和发挥生态系统服务价值的土地网络，为整合自然保护、文化与自然遗产保护、乡土保护促进旅游产业提供发展机会，并推动生态保护、环境治理和城市文明与乡村文明的交流与协同发展。自 2019 年起，山东省开展"全省绿道建设三年集中行动"，各县（市、区）每年建成不低于 10 千米长度的绿道，到 2021 年年底前，全省力争建成绿道 5 000 千米，初步构建全省绿道主体框架；到 2025 年年底前，基本建成有机串联全省内主要公园绿地、山体、海域、河湖水系、生态区和历史人文空间的全省绿道网络系统。自 2017 年起,上海市连续三年将绿道建设列入市政府实事项目,以每年建设 200 千米的目标推进,如新江湾绿道串联了城市生态走廊、公园、文体中心等重要的公共空间,形成了具有综合功能的城市生态廊道。福州市积极推进生态修复和城市修补,按照环城达山、沿溪通海、绿道串公园、顺路联景点的思路,建成滨河绿道 400 千米、山地绿道 175 千米、市民家门口的串珠公园 168 个,公园服务半径覆盖率高达 91.4%,实现了"300 米见绿,500 米见园"。

住房和城乡建设部表示,下一步将继续完善绿道工程建设标准,推动形成连接城市生态要素的绿道网络,引导各地依托绿道开展丰富多彩的市民参与活动,让绿色发展方式和生活方式更加深入人心,进一步增强人民群众的获得感和幸福感。

城市在快速发展的过程中出现城市膨胀、环境恶化等问题,美国、英国、新加坡、日本、中国等国相继出现绿道相关理论研究与实践,绿道的出现让城市出现了"绿链",可以有效保护河道,为生物提供栖息环境。绿道包含多种形式,如滨水绿道、城市林荫道、郊野生态廊道,从欧美国家最初的绿道形式是以绿化和美化环境的林荫带到以绿化结合休闲娱乐的维护型绿道到集绿化、生态保护、游憩为一体的复合型绿道。绿道具有多方面的功能,产生了很高的价值,绿道的价值通常可分为两方面:社会价值和经济价值。社会价值包括环境保护、合理利用自然资源、视觉方面的美观,经济价值包括土地利用、市场需求等。 从景观学和环境保护学来看,绿色生态空间过于散乱对景观的空间格局产生了负面影响,而各个绿色散乱空间的整合是景观规划设计的目标之一。绿道能整合散乱的绿色空间,更好地产生景观效果,在满足城市功能,改善居住生活的质量方面起着重要作用。绿道能将城市生态环境和人文环境集于一身,凝聚城市的特色和魅力,鼓励旅游业、商业的发展,为市民提供良好的锻炼、休闲的活动空间与场所,带动沿线经济的发展。绿道对环境保护方面也具有较高的价值,拥有巨大的保护环境的效益,不仅服务于人类,也为动物提供更好的栖息地,提高地区物种的多样性。

作为城市滨水开放线性空间的绿道,是生态恢复和推进生态文明建设的可持续创新设计途径之一,既可以构建城市河道生态网络,也在保护生物多样性方面发挥着不可替代的作用。其整合滨水绿地,完善配套设施,开发休憩空间,使城市分散的绿化空间得以连接起来,让破碎的景观斑块形成体系,为人们提供滨水休憩空间,进而丰富了人们的景观体验。

第二节　研究方法和技术手段

一、研究方法

绿道可以作为多个学科关注的研究领域,比如生物学、生态学、景观学、城市规划学、植物学等,每个学科的研究侧重点不同。生物生态学关注的是绿道的生态效应及其环境保护功能;景观学关注的是绿道的景观效果,居民对于绿道的使用和满意度;城市规划进行的是绿道的规划研究,对土地进行适宜性分析确定绿道的位置;植物学则研究绿道植物配置及土壤情况。本书应用的研究方法如下。

1. 文献分析法

文献分析法是根据论文所要阐述的内容,查阅城市绿道相关研究文献,在理性分析的基础上进行"去粗取精"的分析,提炼出理论依据、实践经验,参考具体实例,确定思路。

2. 案例分析调研法

案例分析调研法是在总结分析成功的国内外城市绿道景观设计案例的基础上进行调研,实地考察湖北地区的绿道项目,如东湖绿道、黄石环磁湖绿道等项目,考察其区域环境特点、绿道建设现状、植被及生态环境、绿道沿线建筑及绿色基础设施,获取第一手资料,突出研究的针对性和实用性。

3. 实证研究法

实证研究法是构建"景观设计要素分析—绿道案例对比分析—实例论证"的研究思路,归纳城市滨水绿道景观设计的策略及方法,并通过黄石环磁湖绿道景观设计实例加以论证。

4. 多学科交叉研究法

多学科交叉研究法是综合运用植物学、规划学、建筑学、景观学、艺术美学等多种相关学科,试图在多学科交叉的层面上对城市绿道景观设计提出创新性研究策略。

二、技术手段

本书的技术路线主要是课题筛选及研究方向选择—绿道案例分析—绿道实地调研—设计论证—归纳总结(图 1–1)。

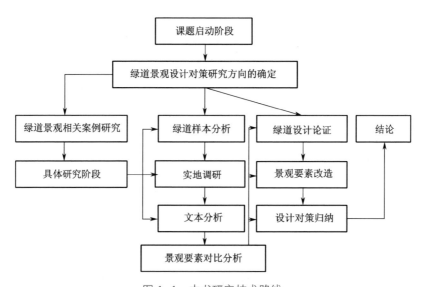

图 1–1 本书研究技术路线

1. 课题筛选及研究方向选择

本课题以绿道景观设计为研究方向。绿道研究在国外一直是城市规划、景观设计与景观生态学等多个学科交叉的研究热点,绿道设计实践也在多个国家兴起。我国近年来大量进行绿道建设,促进城乡绿色协调发展,让人民群众共享生态文明建设成果。住房和城乡建设部举例指出,南京环紫金山绿道、上海黄浦江滨江绿道、武汉东湖绿道、广东南粤古驿道等绿道提供了美丽宜人的生态环境,促进了人与自然和谐相处,还引领了绿色健康的生活风尚,受到了人民群众的普遍欢迎。所以未来绿道的发展会普及三四线城市,所以对绿道相关研究也是景观规划类中的重要课题。

2. 绿道案例分析

国外案例选择美国波士顿绿链及新加坡榜鹅滨水绿道进行分析。美国是较早开始绿道理论与实践研究的国家,美国波士顿绿链由绿道将城市公园、植物园、公共绿地等绿色斑块进行串联,从而形成一条生态化的"翡翠项链",对后来绿道的发展起到深远影响,对绿道相关设计项目具有借鉴意义。新加坡榜鹅滨水绿道,采用创新材料,融合了美观与实用,受到当地居民的欢迎,并获国际建筑大奖。

国内案例选择河北迁安三里河生态廊道和武汉东湖绿道。河北迁安三里河生态廊道将截污治污、城市土地开发和生态环境建设有机结合,通过景观带动旧城改造和新城建设,将昔日严重污染的沟渠恢复为清澈的生态河道,是治理型滨水绿道的典范。武汉东湖绿道是国内首条城区内 5A 级旅游景区绿道,按照世界级标准打造,被联合国人居署列为"改善中国城市公共空间示范项目"。

3. 绿道实地调研

作者为黄石环磁湖绿道团城山路段景观设计项目进行前期调研,实地走访了武汉东湖绿道及黄石环磁湖绿道。对武汉东湖绿道的总体规划、交通组织体系、分段详细设计进行了考察,通过实地调查和走访,对东湖区位及周边自然环境有了进一步直观的感受。绿道连成环线,串联东湖主要特色景点,将东湖良好的自然资源与环境展现了出来。对黄石磁湖区位环境、磁湖北岸的地理环境、区域特色景点、绿道的沿线公共设施、驿站建筑及植被情况进行了调研。黄石环磁湖绿道与东湖绿道一样,以磁湖周围众多山体构成山水空间格局,现有一定基础路段,如何将磁湖片区绿道连成环线,并体现出分段的特色,是作者在调研中思考的重点。

4. 设计论证

本书的设计论证以黄石环磁湖绿道团城山路段改造设计为例,在前期调研的基础上,对其现状及问题进行分析,针对以上问题,提出改造建议,并以原创设计图纸的方式呈现出改造设计,从而结合文字进行论证。在本次设计中涉及绿道的规划设计、交通体系规划、景观细节处理、景观构筑物设计、植被提升等内容,从生态的角度构建滨水生态廊道,运用本地植被和原生材料进行景观构筑物的设计,这部分也是研究成果的部分,其核心是生态型滨水绿道的设计实践。

5. 归纳总结

通过设计论证,归纳总结出城市滨水绿道的景观设计对策。

第二章　国内外绿道理论研究

第一节　绿道的概念及生态学意义

绿道起源于奥姆斯特德"公园路"概念，1959 年，美国环境作家威廉·怀特（William Whyte）的著作《为美国的城市保护开放空间》中，将绿带中的"green"与公园道路中的"way"相结合，从而正式引出绿道的概念。1987 年，绿道一词得到官方认可，查尔斯·利特尔定义绿道概念，即沿着自然走廊，或是人工走廊所建立起来的开放性线性空间，包括可供行人和骑行者进入的自然线路和人工景观线路，它是连接名胜区、自然保护区、公园和历史古迹，高密度聚居区之间的空间纽带。

在我国，绿道的出现和发展晚于西方，理论和实践方面还处于探索阶段，需要进一步的完善。20 世纪 90 年代以来，绿道是城市规划、保护生物学、景观生态学和景观设计等多学科交叉的研究热点，伴随着城市扩张，景观规划中斑块之间的连接和保护，建立稳定的联系线尤为重要，绿道也可理解为廊道的一种形式。

绿道可以是沿滨河、溪谷、山脊等自然廊道或沿着废弃铁路、沟渠河道、风景道路、遗址廊道等分布的人工走廊，从广义上来讲，"绿道"是具有连接作用的各种线性绿色开敞空间的总称，也被视为生态网络、生态廊道或环境廊道。绿道的形式多样，规模不等，既有 1 米宽的绿道，也有几十千米长、数百米宽的绿道。

如今的绿道在城市、农田、经济林等景观环境中随处可见，作为特定功能的用地空间，线性形态和明确的范围是绿道的基本特征。很多具有类似属性的绿道在一百多年前就已经出现，19 世纪末 20 世纪初美国出现了用来连接城市公园的道路,其功能主要包括休憩观光、雨洪管理、自然保护,其主要目的是维护景观的完整性和生态性。

绿道不是孤立地存在于环境之中,在维护景观的自然性与文化功能等方面都发挥着重要的作用。以防护功能为主的绿道主要是以公路、铁路、江河为主线,国道、省道、乡道统一规划,结合生态及经济效应,绿道也成为绿色基础设施,是具有生态系统保育和生态系统服务双重功能的、彼此相互连接的绿地网络。绿道的引入可以遏制城市扩张带来的自然景观的破坏,提升景观视觉质量,具有游憩功能,还可以增加市民间的互动,加深人们的归属感。绿道可以串联更多的社区、公园、城市绿地,从而提高空间的可达性,促进城市功能的融合与串联。

绿道在生态上最主要的目的是保护自然环境和生物资源,并在现有的栖息区内建立生态网络,防止生境割裂,保护生物的多样性。绿道是具有通道功能的景观要素,是联系斑块的重要纽带,提供生境的连接性,在保护生物多样性方面具有重要作用。绿道通过促进斑块间物种的扩散,降低了人类活动对物种的威胁与干扰,生物多样性随着景观异质性和连接性的增强而增加。

第二节 绿道的功能与设计

绿道具有生态、游憩及社会文化三大功能,同时又具有线性、连续性、可达性。绿道可以连接破碎的斑块,有助于恢复自然生态系统;可以结合道路、铁路、河流及市政设施弥补城市绿地的不足,为人们提供游憩功能,包括长跑、散步、自行车骑行等。绿道能带来更优美的景观环境,具有文化功能,建立在历史文化遗址的绿道,使人们认识了当地的城市文化。

一、生态功能

绿道营造生态、可持续发展的环境,绿色线性空间可以在一个相对小的区域内容纳各类野生物种,在栖息地之间建立绿道为野生动物的迁徙提供条件,为生物栖息提供重要的资源,其核心目的是维护生物的多样性。

滨水型绿道除了具有较好的植物和为野生动物提供栖息环境以外,还可以通过促进下渗和调蓄洪峰来降低洪涝灾害的影响和损失,也可以通过多种方式来保持和净化水质,植物覆盖较高的滨河廊道,可以成为河道与污染负荷较高的用地之间的缓冲地带,滨水植被可以将地表径流中过量的养分元素过滤和吸收,从而避免这些污染物直接进入河流、溪流等自然水体中,由微地形、落叶乔木形成的自然筛网,可以起到净化水的作用。滨河绿道,尤其是与湿地连接的廊道,有助于保护自然河流、溪流的水位和流量,而作为水体滞蓄区的湿地,还可以调控洪水规模和降低其危害。滨河绿道会通过滨水植被的遮蔽来降低水温,通过滨水植被产生的枯落物为水生动植物提供食物,通过浅滩等河流内部结构来提供动态的栖息环境。

二、游憩功能

城市滨水绿道景观,作为城市的一道亮丽的风景,为人们提供游憩、观赏、娱乐的场所。滨水绿道景观以其特有的景观环境,为人们修养身心、感受愉悦和美提供场所。绿道与环境相融合,由园林植物、景观构筑物、游憩服务设施等要素沿着线性空间规划与布局,使其成为连续带状的风景道,每一段绿道都是与景观要素进行组景,使居民能获得较好的景观体验感。城市滨水绿道由步行道、骑行道及特色景观道路构成,可供居民安全地开展慢跑、散步、垂钓、骑车等户外活动,绿道提供了大量的户外交往空间,可增进人们的交流与融合,满足居民多样化的游憩需求。

三、社会文化功能

绿道主要是沿河流、绿地、公园等城市重要绿化节点,串联城市绿地、名胜遗址、湿地公园等区域,由于其自身的景观加上沿途的风光,成为骑行、步行的理想场所,使绿道与其周边环境具有景观美感和吸引力。绿道可与文化遗产保护区域串联与结合,是一种文化性强的景观绿道,串联的人文节点是绿道主题和内涵的体现,包括历史文化遗迹、历史建筑、历史街区以及相应的文化元素,使游人能领略城市的文化风貌,增强文化认同感。

四、绿道的设计

绿道的设计具有高度的复杂性,每个项目有其自身的地理环境和地方特色,绿道与周边用地之间相互联系,所以绿道的设计要考虑绿道所处的环境、绿道周边动植物的现状,以及在绿道项目中所在区域的经济及社会影响。绿道设计要考虑多方面的因素,除了美学及景观以外的生态学、市政排水、绿地及游憩活动设施、绿地规划等问题也应考虑进来,实现跨学科的合作。绿道设计要考虑社会和自然两方面的目标,在绿道项目的选址上可以是已有基础的路段或者是工业废弃地,工业废弃地对于引导城市发展,提供开敞空间,促进可持续发展方面具有巨大的潜力。

绿道是城市设计的一部分,所以设计时要从城市大格局出发,在兼具其他目标的前提下,绿道景观设计要考虑几个大的方面:①绿道的选线,绿道的选线应注意结合地形的变化,充分发挥地形变化的优势,体现美感,并适宜交通。②结合城市原有的自然风貌,突出自然性、生态性,丰富植物群落。③营造城市独特的景观,不只是单纯地将历史遗迹等文化元素纳入绿道范围之内,而且要在城市背景下将绿道进行整体来考虑,协调城市的景观风貌。绿道的构建需要充分理解绿道功能和景观结构。

现代城市绿道景观设计遵循的原则:①生态化原则。无论是从生态保护方面,还是从修建成本方面,在城市绿道的构建过程中,都应充分利用原有的自然生态环境。例如,已经存在的河岸、绿地等,以自然环境为基础,能够让人们感到更加的亲切,找到"回归自然"的感觉。②地域化原则。城市是地理环境与历史文化相互融合、发展的产物,其历史文化可以提升城市的文化品位和形象。所以,在城市绿道构建过程中,充分体现当地的地域文化以及历史特色是非常有必要的。③多样性原则。城市绿道的线路选择要尽量靠近江河水系、公园以及滨海岸线,让人们感受不同的体验,产生不同的"惊喜"。要想真正地实现这些需求,就必须保障城市绿道的多样性。④人性化原则。无论是休闲娱乐型还是交通型绿道,其服务的对象主要是城市居民。所以,"人性化"原则是必不可少的。例如,为居民提供跑步、观光的游憩绿道,并且,每隔一段距离设置凉亭、座椅等必备的休憩设施等。⑤科学化原则。想真正实现生态化,达到人与自然和谐发展,城市绿道规划设计缺乏科学性是绝对不行的。城市绿道建设并非单一的景观或慢行道工程,而是涉及规划设计与建设管理多方面配合的系统工程,需要通过不同层面的互动与城市复杂系统形成紧密结合,才能促进其综合功能与效益发挥的最大化。注重绿道的慢行交通功能,通过自行车道与机动车道、人行道的接驳设计及与城市公共交通的对接,促进居民完成自行车与其他方式的交通形式转化,提供绿色出行的选择。

第三节　绿道的研究概况

一、国外研究概况

美国绿道规划始于 19 世纪公园规划时期, 19 世纪的美国因城市过度膨胀带来诸多问题,如城市环境恶化、城市交通混乱等现象,奥姆斯特德将公园设计的相关理论推广到社区中,并尝试用公园道和其他线性方式来连接城市公园,或将城市公园延伸至附近的社区中去,他规划了林木葱郁的线性通道供市民游憩,从而产生了一个新的概念"公园道"。

奥姆斯特德在 1878—1890 年期间设计了"波士顿翡翠项链",在设计中侧重了对城市排水与水质控制方面的考虑。波士顿绿道通过公园、风景道、植物园的连接,形成了环抱城市的绿道网络系统,对于清除河流的严重污染起到了很大的作用,实施河道截污工程,实现了对洪水调蓄能力的提升、生活污水的合理处置,成为连接波士顿和布鲁克林的一个室外排水通道,这一系列的改造更趋向于工程改造,而不仅是生态廊道。

19 世纪末至 20 世纪初出现了许多类似于"翡翠项链"的设计,如景观设计师查尔斯·艾略特在 1890 年前后规划了波士顿大都市区的公园系统,公园的景观要素包括:海岸线、大森林、滨海岛屿、公园、城市广场,实际上是一个景观元素更为宽泛的"翡翠项链"。此外还包括霍勒斯·克利夫兰设计的明尼阿波利斯–圣保罗公园绿地系统,以及延斯·延森设计的芝加哥绿地系统。这些早期的风景道主要包括马车道及步行道,到20世纪出现的汽车道逐渐成为城市快速通道后,风景道保留或设计了自然植被较好的、较宽的缓冲道,使得原本具有游憩体验功能的风景道开始让位于更加快速便捷的笔直道路设计方式。

1898年霍华德提出了"田园城市"的理念,在这一理想模式中,位于城市中心的城市居住区被"林荫大道"所环绕。田园城市的商业区和工业区的外围区域被宽广的农田和林地围绕,通过这一绿道使农村和乡村相联系,从而实现城乡协调发展。霍华德的理念后来在英国和其他地区的城乡规划实践中得到应用。"绿带"的理念后来在美国社区规划和建设中也得到比较多的应用,"田园城市"的理念的体现使城市与自然融合,而绿道早期的原型就是一种具有保护性和绿化隔离的线性通道。美国规划学者本顿·麦凯进一步发展了绿带的这一理念,他主张将城市中植被较好的绿地构成城市生态网络,在城市内部建立起放射状、植被覆盖较好的以游憩功能为主的绿道,这一观点将绿带、风景道和城市公园绿地系统结合在了一起。

进入20世纪60年代以后,在规划中更加注重生态问题,河流或溪流保护方面的努力促进了滨河廊道的发展。公众对水污染问题关注日渐提高,美国的绿道建设已经达到一定的层次,基于游憩和风景观赏到生态完整性是绿道建设的重点和核心。1969年宾西法尼亚大学的伊恩提出要根据土地的生态价值和生态敏感性来开展土地利用规划的重要性。公共开敞空间的布置最重要的是空间分布的格局,主张通过规划和空间配置的途径最大限度地减小人类活动对自然过程的影响。

20世纪80年代,伴随着公共空间的建设热潮和游憩活动的流行,涌现了越来越多的绿道项目。数以千计的绿道项目在全美城市、郊区、乡村地区实施,除了生态保护,这些绿道还用于游憩。许多综合性的城市绿道网络也在建设中,这些网络也具有游憩功能,如旧金山滨海步道、波士顿环湾步道,这些步道环绕了整个大都市区,同环绕波士顿内城的"翡翠项链"很相似。

汤姆·特纳认为绿道的演变历经三个阶段。第一阶段从19世纪末至1960年,传统的轴线、林荫道和公园游道是原始的绿道;第二阶段从1960年到1985

年,绿道为小径导向的游憩型绿道,提供进入河流、小溪、山脊等通向城市的廊道;第三阶段为 1985 年至今,发展为多功能的绿道,除了满足娱乐休闲及绿化的功能外,注重保护生态,构建生物栖息地,减轻洪水破坏。

从 19 世纪 60 年代开始,随着城市进程的加快,城市的环境受到威胁,城市滨水绿道集水资源保护、休闲娱乐和串联城市各大功能于一体,美国、新加坡、英国等多个国家对此做出理论和实践研究。国外绿道发展时间较长,绿道规划案例丰富,注重绿道规划的操作性,对绿道的建设提出有针对性的对策。美国在绿道发展中处于领先地位,其研究实践具有重要的里程碑作用。

二、国内研究概况

我国绿道建设起步较晚,1985 年开始在国内逐步引起关注。1992 年叶盛东在《美国绿道简介》中将 "green way" 译为绿道,这是国内首次介绍绿道的概念。许浩在《国外城市绿地系统规划》中介绍了公园路、林荫道以及国外绿道的发展历程。刘滨谊通过美国绿道网络规划发展介绍了国内绿道建设的启示。到 2009 年,珠江三角洲地区绿道网络的建设,标志着我国绿道实践的开始,成都、杭州、武汉等地开始了建设绿道的热潮,相关的理论也随之丰富和发展起来。

第四节　绿道的分级、分类

一、绿道的分级

我国绿道按级别划分可以分为以下三级。

1. 区域(省级)绿道

区域(省级)绿道是连接城市与城市,对区域生态环境保护和生态支撑系统建设具有重大意义的绿道,由政府统一规划,城市具体落实与实施。

2. 城市绿道

城市绿道是连接城市与城市,对区域生态系统建设具有重要意义的绿道。由地级市及以上市统一规划,统筹实施。

3. 社区绿道

社会绿道是指社区内部和连接社区与公园、小游园、街头绿地、公共活动场所等空间,主要为社区居民提供休憩、休闲、健身服务,并承担社区内主要步行出行功能的绿道。由县市或街镇统一规划,统筹实施。

二、绿道的分类

在绿道分级的基础上,绿道作为线性空间可以穿越城乡等区域,根据绿道的功能及所处的地理位置可以将绿道划分为城市型、郊野型和生态型三种类型。

城市型绿道:主要集中在城镇建成区,依托人文景区、公园广场和城镇道路两侧的绿地而建,为人们慢跑、散步等活动提供场所,体现为都市休闲功能,同时对区域绿道网起到全线贯通的作用(图 2-1)。

图 2-1　社区配套运动公园绿道

郊野型绿道:主要依托城镇建成区周边的开敞绿地、水体、海岸和田野,通过登山道、栈道、慢行休闲道等形式,为人们提供亲近大自然、感受大自然的绿色休闲空间,实现人与自然的和谐共处,可进一步细分为郊野休闲型绿道和郊野体验型绿道(图 2-2)。

图 2-2　郊野型绿道

生态型绿道:主要沿城镇外围的自然河流、溪谷、海岸及山脊线建设,通过对动植物栖息地的保护、创建、连接和管理,来维护和培育区域生态环境,保障生物多样性,可提供自然科考以及野外徒步旅行,可以进一步细分为生态体验型绿道和生态保育型绿道。

其中,城市型绿道是建设要求高、数量多、环境复杂、使用率最高的一类绿道,可分为以下几个小类。

1. 河流型城市绿道

河流型城市绿道结合生态学、水文学和地理学等相关学科知识,通过信息技术将河流的面积、形状、坡度、植被、生物栖息地、历史人文等因素进行综合分析,以此来确定河流绿道的宽度、构建方式及形状。河流型城市绿道将具有生态修复的功能,生态修复的重点区域是滨河湿地、洪水淹没区以及河滩和河岸,当河岸被植物覆盖后,可以发挥降温、遮阴,稳定河道,减少河道沉积,为生物提供栖息地环境的综合生态功能。河流型城市绿道依托城市范围内的自然河流系统建立,河流本身具有连线性的特征,河流相对于森林、湿地不易被城市用地隔开。河流型城市绿道是一种持续的线性生态廊道(图 2-3)。

图 2-3　河流型城市绿道

2. 生态型城市绿道

在城市发展中,城市一直处于高速发展的过程中。以满足社会、经济的发展需求来建设城市,在对城市进行建设和改造的过程中,往往忽略了环境问题。由于人类向自然环境中排放污染物,导致自然环境受到污染,生态平衡遭到破坏,人类也在不断地探索治理环境问题的方法。

生态型城市绿道的主要特征是绿道的生态功能明显,针对生态问题区域进行生态修复与重建。生态型城市绿道可以将城市中分散的碎片化绿道进行连接与整合,形成城市绿网、绿廊,增加城市绿化空间,还原被污染区的植物群落,净化河流水体。例如,北京永兴河过去不断被开挖且驳岸硬化,河道沿岸的工厂和居民区长期排放工业污水和生活污水,造成河道污染,雨季经常被淹没,需要提升河道的防洪能力,同时为周边社区提供绿色生态的休憩空间(图 2-4)。在其绿道建设的过程中,保护现状植物,根据地形差异种植不同类型的植物,增加护坡区域的植物,用灌木代替原有的混凝土护坡,防止土壤受到侵蚀;在滨水区种植湿地植物,山丘种植抗干旱的果树,绿道周边种植繁殖力较强的野花,绿道两边种植林荫树,分区打造,植物层次性较好;运用海绵城市的理念,拆除河流两侧的混凝土驳岸,建造生态浮岛,加强地形的塑造,在绿道边缘构造生物过滤带收集雨水径流。

图 2-4 北京永兴河生态绿道

我国一些城市已经开始显现后工业时期的城市特征,越来越多的城市开始重视生态修复,在进行绿道建设的同时,为了使植被生境更加完整,采取高架步道的形式,对地表的侵入较小,对生物栖息地的影响小,选线更加自由。同时,高架步道视野更加开阔,能提升人们的体验感(图 2-5)。

图2-5 成都鹿溪智谷云廊

3. 历史人文型城市绿道

历史人文型城市绿道主要是指具有历史价值,强调文化特征及文化影响,以保护历史文化资源而规划的绿道,是一种将自然景观与当地的历史人文特征相结合的绿道,通过绿道来展示城市文化。国外对历史人文型城市绿道的实践主要体现在文化遗产廊道,是一种线性的历史保护区域,将文化景点按照空间序列,以线性绿道连通,有助于保护历史资源,让历史遗产更好地适应现代城市的发展。遗产廊道在规划中要注重连续性,将文化景点打通与连接,构成一条完整连续的廊道,为游客提供游憩的慢行空间及绿道设施,并配备解说系统。所以,以历史人文资源保护为主的城市绿道是集历史保护、游憩、科教于一体的复合型绿道。

　　沿护城河、城墙、历史街道而建的绿道,在进行交通连接、绿地整合的同时也将文化资源合理地进行了保护。历史人文型城市绿道对于缓解城市生态压力,保护城市自然环境,促进历史文化资源保护方面发挥重要作用。2013 年,《北京市级绿道系统规划》中提出"三环、三翼、多廊"的绿道总体布局,全市将形成超过 2 000 千米的绿道网络, 2017 年提出了要将遗产文化保护融入绿道建设中。北京环二环城市绿道包括北二环段、东二环段、南护城河段、西二环段,沿线分布有天坛、地坛、雍和宫等 20 余处公园绿地和文物古迹,成为一条展示首都历史文化风貌和经济社会发展的标志性绿道(图 2-6)。从西直门至东直门,环二环绿道沿线有众多历史古迹,如城墙、钟鼓楼、箭楼,绿道在原有的基础上补植乔木、花灌木及地被植物,在护城河

图 2-6　北京环二环城市绿道

滨水带增加树木种植,打造亲水平台,满足游客驻足停留的需求。绿道植物以彩叶植物作为特色植物,如种植银杏和各色花灌木,保证绿道"三季开花,四季有景"。

北京另一个具有代表性的历史人文型城市绿道为三山五园绿道。三山五园是北京西郊从西山至万泉河一带皇家园林的总称,包括颐和园、畅春园、圆明园、静宜园、静明园和一些重要的寺庙,其文化价值在于展示皇家园林、清代特色建筑及文化,是北京市串联名园最多的一条绿道,为游客提供了一条游览著名皇家园林的慢行路线(图2-7)。绿道在重要的节点处设置了游客服务点,提供租赁、休憩、餐饮、

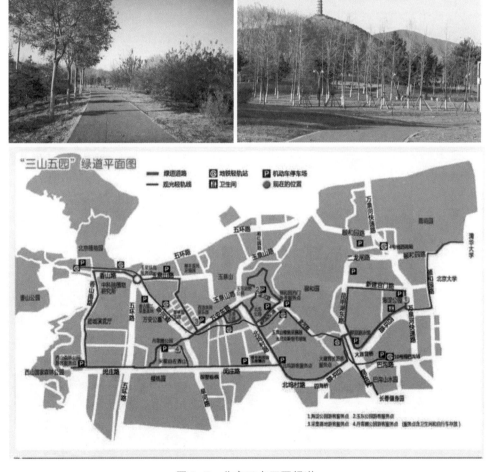

图2-7 北京三山五园绿道

停车等功能,在绿道中有 10 处景观节点,由面积不等的植物景观组成,与周围环境融合的同时也为人们提供了游憩空间。

常州市的中国大运河常州段世界遗产廊道与京杭大运河有着紧密联系,常州段运河沿线的商业街区、城镇、历史老街、古建筑、石刻等文化资源都属于文化遗产,为人们提供了特色滨水的文化慢行空间,并串联起一些水上乐园、创意街区、创意文化区。

城市中有很多历史文化景点比较分散,绿道可以依托城市河道、绿地,将分散的历史文化景点连成一体,可以让人们通过绿道便捷地进入景点。绿道中包含自行车道,游客可以骑行进入各个景点,也比较快捷方便。这些历史景点本身是景区,周围都有驿站、停车场、科普中心等配套设施,提高了绿道的使用率。

美国伊利运河遗产廊道拥有大量的历史和文化资源,是美国西北部文化纽带。伊利运河于 19 世纪开凿,对美国的贸易和文化交流发挥了重要的作用,其功能定位为遗产旅游、水体休闲、慢行游憩、野外休闲。伊利运河遗产廊道提供了从郊野到城市的多种游憩形式,景观和生态保护较好,吸引了很多游客前来骑行、远足和狩猎。绿道整合沿岸的码头、历史建筑、公园绿地,形成了贯通的慢行道路,在实施中减少人为干预,运用乡土植物进行生态修复,使河道和历史资源区拥有优质的自然环境。绿道配有解说系统,阐述历史文化遗产保护理念,让游客了解运河历史及文化遗产(图 2-8)。

4. 游憩型城市绿道

游憩型城市绿道主要包括游憩、生态和交通功能,其中休闲游憩功能是其主要功能,线性绿化空间贯穿城市,深入社区之中,设有各类公共服务设施,为不同人群提供了休闲娱乐的场地。游憩型城市绿道注重游憩的功能体验感,满足居民休闲观光、亲近自然、社会交往、健身娱乐的需求。功能规划上形成多功能的复合空间,运用绿地、水体、交通路线合理进行空间布局,并与周围的环境和谐相融。采取空间上的变化,丰富游憩空间,可以用多个景观节点将绿道进行串联。为了避免道路

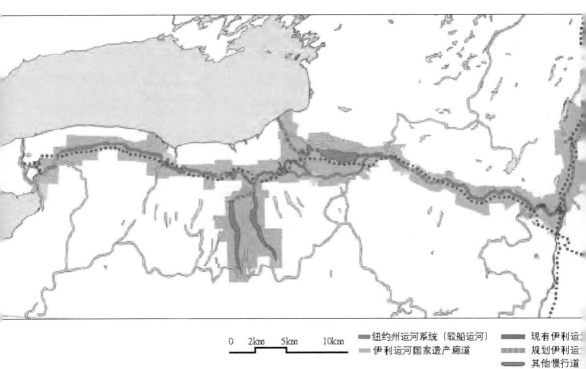

纽约州运河系统〔驳船运河〕　　　现有伊利运
伊利运河国家遗产廊道　　　规划伊利运
其他慢行道
纽约州自行

图 2-8　美国伊利运河遗产廊道

缺乏变化,可以通过植物的高低层次,来丰富绿道两侧,局部也可以通过架起栈道或高架桥的形式,让绿道向多层次立体空间转变,让人们可以以不同的视角观赏景观,提升游憩观光的趣味感。

　　游憩型城市绿道有着高质量的自然环境和景观风貌,提高区域的可达性与连通性,为人们创造连续、带状的游憩空间。在选线上首先要对区域内的游憩资源进行合理分析,优选游憩资源质量高的路段,这些路段可利用度高,同时通达性也较好。游憩型城市绿道包括步行道路、自行车道、特色观光道路,因地制宜,做好绿道网络与公共交通网络的衔接与换乘。在景观设计上串联自然景观和人文景观,创造出多层次的景观廊道,利用地形塑造出溪流、草坡等,展现绿道的生态之美。注重立面景观效果,增加景观灯柱、景观花架、景观小品,使绿道更有层次感。注重植物景观的营造,尽量选择乡土植被,合理的搭配乔灌木,营造出丰富的植物群落。

绿道中还可加入趣味性场地,形成多层次的游憩互动空间。例如泉州宝山社区绿道,道路宽3米,采取人车分离式设计,其中的夜光漫道是一个特色路段,由灯光映花路面和半圆形图案荧光路面构成。突出游憩绿道的人性化,重在游憩服务设施的设计,在绿道中合理进行游憩设施的布局,在布置游客服务点、自行车停放点、绿道标识系统等设施时,要考虑到使用者的个性需求,增加户外活动场地,同时注意夜间照明设施的布置,在服务设施的功能与细节处理上要考虑到儿童、老人和残疾人等弱势人群的特点,通过无障碍设计,体现出人文关怀。

建设游憩型城市绿道有助于连接零散的绿地与日常生活环境,使人们可以充分接触到自然,有助于构建一个更加生态的人居环境。绿地的渗透缓解了城市热岛效应,改善城市空气质量,形成良好的空气流动与循环。将社区融入城市绿道中,为居民提供更多的绿地空间(图 2-9)。

图 2-9　上海杨浦滨江二期公共空间绿道

5. 城市废弃地构建的绿道

城市废弃地是指经过建设但失去原有功能的空地,常见的城市废弃地包括废弃工厂、铁路、码头和仓库。随着城市的发展和科技进步,城市经济结构发生变化,以服务业为主的第三产业逐步占据城市,第二产业一般只保留研发中心或总部,而生产线和流水线搬至郊区,这样给市区留下大量的工业废弃地。这些具有货物运输需求的企业逐渐没落或搬迁,企业货运线路随之废弃。利用废弃的运输廊道建设的绿道如美国纽约高线公园,原本是一条连接肉类加工区和哈德逊港口的铁路货运专用线,曾一度荒废,因其沿途经过哈德逊港湾、自由女神像、帝国大厦等著名地标建筑及景区,将高架铁路线改造为线性空间花园。项目分三期打造,建成后的高线公园成为哈德逊公共景观空间的代表。城市废弃铁路作为绿色廊道进行改造和维护,可以形成景观、生态、游憩功能的复合空间,而且还可以将这类工业遗产留给后人,作为历史见证。铁路是工业时期城市重要的交通工具,废弃铁路承载着人们对工业区的记忆,在绿道的改造中要保护这种历史性,使人们获得更多的文化认同感(图2-10)。

将城市废弃地进行绿化改造,能为城市提供更多的绿色空间,弥补城市内部绿色空间不足,有效缓解市民游憩需求的压力,改善城市环境与绿化格局,增加更多的绿色空间。可以利用工业废弃地上的工业遗迹与工业生产相关的生产设施,包括厂房、烟囱、水塔、配电站、铁路、机车等设施,将场地上的各种自然和人工环境要素统一进行规划设计,组织整理成能够为公众提供工业文化体验以及休闲、娱乐、体育运动、科教等多种功能的城市公共活动空间,形成独特的景观环境,称为后工业景观,绿道作为"绿链"贯穿其中。

比较具有代表性的案例如德国鲁尔区,历史上曾经是德国乃至整个欧洲的工业中心,20世纪50年代由于结构性危机导致地区主导产业衰落,产生一系列的经济、社会和环境问题,其中受影响至深的是埃姆舍地区。埃姆舍地区指多特蒙德与杜伊斯堡之间沿埃姆舍河流域的工业都市圈,面积784平方千米,东西向长70千米,包括17个城市,地区总人口约200万。为推动该地区的生态环境和经济结构

图 2-10　纽约高线公园

的更新和持续发展,挖掘该地区的工业、历史文化、教育、劳动力、土地资源、区位条件、交通等的发展潜力,在 1989 年启动了"国际建筑展埃姆舍公园"规划的第一个十年计划。其中包括绿色框架计划,基于 20 世纪 20 年代提出的"区域绿色走廊"计划,将区域范围内原有和再生的绿地连成一个链状的绿地空间结构,构建成完整的区域性公园系统。该项目的理念在于通过空间整合、景观恢复,提升环境的生态和美学质量,实现区域内居民的生活和工作环境的持续改进。在区域内规划了 7 条南北轴向的绿色廊道,邀请世界著名的建筑和景观设计师共同参与规划和设计主题公园,包括北杜伊斯堡公园(图 2-11)、城西公园、诺德斯特恩公园等。绿色框架计划在 1999 年之前全面开始运行。埃姆舍河道由于过去生活污水和工业污水排放,导致河道污染严重,经过生态修复,成为生物栖息地和环境优美的居民游

图 2-11 德国北杜伊斯堡公园

憩空间。鲁尔区通过持续推出的 7 项绿道计划，使原本灰蒙蒙、乱糟糟的工业区，变为污染减轻、景色优美的宜居区。鲁尔区成功整合了区内 17 个城市的绿道，并在 2005 年对绿道系统进行了立法。鲁尔区将绿道建设与工业区改造相结合，改善旧工业区及旧城区的城市形象、提升居民的生活品质、改善区内空气质量，把老工业区及其建筑改造成服务业中心和旅游目的地，将"脏乱差"和低效的工业区改造成为生态宜居的生活区，绿道在提升居民生活质量的同时，也提升了该区域周边的土地价值。

第五节　国外绿道的理论研究与实践

一、美国

美国是最早进行绿道建设并提出绿道概念的国家。绿道的概念虽然相对较新，但具有相似内涵的"绿道"早在一百多年前就已经出现了。19 世纪，景观设计师奥姆斯特德设计的波士顿"翡翠项链"，成为绿道的雏形。此后在 19 世纪末 20 世纪初，美国出现连接城市公园的风景道，是早期的绿道。20 世纪末绿道概念出现，开始进行大量绿道规划，著名环境学作家查尔斯·利特尔出版了一本极具影响力的著作《美国绿道》。美国境内丰富的自然环境和城市快速发展历程，为绿道建设提供了条件。

1. 美国绿道的建设历史

美国绿道的建设分为三个阶段。第一阶段为 19 世纪的公园规划时期，形成了大批的城市公园和保护区。19 世纪末，随着工业化进程的推进，波士顿的工业化和城市化愈演愈烈，城市环境日益恶化，城市问题严重。景观设计师奥姆斯特德规划设计的波士顿公园系统，被称为"翡翠项链"，被认为是绿道的雏形。整个公园系统的建设始于 1878 年，历时 17 年，从波士顿公园至富兰克公园，全长 16 千米，创新性地设计了滨河绿带，协调了公园与水系间的关联。此后，涌现了许多类似依托水系脉络建立的滨水绿道、滨水公园、植物园等,发展了滨水绿道网格体系。美国地域广阔且水系发达,绿道体系维护美国的水系生态环境,并保障群众休闲娱乐的质量。

第二阶段为20世纪的开放空间规划时期,马萨诸塞州率先进行了州级开放空间规划。埃利奥特和他的侄子在开放空间规划中扮演了重要角色,其成就主要体现在对自然的保护,制定了风景保护的策略,埃利奥特发展了一整套的方法,即"先调查后规划"理论,对后来的生态规划产生了深远影响。在波士顿开放空间规划中,城市河流和城市郊区的开放空间被连接起来,体现了埃利奥特的规划思想。他的侄子于1928年完成了波士顿大都会的开放空间规划。

第三阶段为20世纪末绿道规划的成熟和兴盛。美国著名环境学作家查尔斯·利特尔出版了多本有关绿道和游步道的专著。20世纪70年代出现绿线概念,"绿线公园"从地图上看就是一条绿色的线,唤起了人们保护城市与大都市区开放空间的意识,随后绿线保护区的重点从大型公园类保护区转移到线性廊道,包括历史运河、铁路和河流。1968年出台的野生动物保护与景观河流法案为河流、湿地与海岸提供了更多的保护,并激发人们为保护线性景观特征而建立新模式。在20世纪80年代,绿道逐渐演变成了一个灵活的、多用途的景观规划与资源保护相结合的模式。这一时期,美国每年都在零散地规划和建造大量绿道。各类绿道项目使绿道将社区连接起来,增强绿道的公众意识并促进绿道未来的发展。在区域尺度上,目前最有代表性的是新英格兰绿道规划。该规划协调了新英格兰地区6个州面积超过约45 184平方千米土地上的绿道规划,与各州的地方规划有效地结合在一起,将单个的自然保护、休闲运动、历史与文化资源等规划有机地结合起来。规划突出强调线性空间的特征、连接度的重要性以及多功能的必要性。绿道是一种高效的、战略性的线性空间环境保护策略。绿道内在的连接维系着众多对可持续发展极为重要的生物、自然与文化景观,在土地所构成生物绿色空间网络中,绿道被规划和管理以提供更多的功能,在20世纪美国环境、文化、政治和经济不断变化的背景下,绿道规划强调自然和组织之间的联系,应对社会的发展。

美国绿道概念经历了从公园到开放空间再到绿道的演变过程,绿道从游憩到生态,再到游憩与生态相结合,每一阶段继承了前一阶段的特点。

2. 美国绿道的保障体系

18 世纪至 19 世纪大量欧洲移民涌入美国,逐渐在城市中建设公园。1851
年,纽约议会通过了第一个《公园法》,并决定在美国建设第一个公园,奥姆斯特德
和沃克斯设计了著名的纽约中央公园。之后美国针对公园规划出台了一些相应的
法律法规。美国国家公园规划以相关的法律要求为框架,总体规划和实施规划要
遵照《国家环境政策法》和《国家史迹保护法》,所有国家公园的管理需要国家公园
管理局和其他政府部门的合作,国家公园管理局能够以法律为平台,解决规划实施
过程中可能出现的各种矛盾和问题。自 20 世纪 60 年代以来,美国绿道建设蓬勃
发展,也是因为诸多法案的推动,政府足够重视。

3. 美国绿道的成功案例

波士顿公园绿道系统由奥姆斯特德在 1878 年完成设计方案,历经 17 年建
成,拥有“翡翠项链”的美誉,也是美国最早的公园之一。系统主要是由公园、绿道
和绿地构成,从波士顿公园延伸至富兰克林公园,长 16 千米,面积 24 公顷,林荫道
宽 60 米,包括 30 米宽的绿带。早期并没有形成完整的绿道网络系统,后期将各个
游憩节点连接起来,使它成为世界上最早的城市绿道。

波士顿公园绿道系统整体分为 9 个部分,原有波士顿公地、麻省林荫道和公共
花园,后期增加了 6 个节点,分别是滨河绿带、后湾沼泽地、河道景区和奥姆斯特德
公园、牙买加公园、阿诺德植物园、富兰克林公园(图 2-12)。9 个部分各具特点,
既有笔直的麻省林荫道,又有可以供钓鱼、游船的公共花园,以及自然式布局的公
共大草坪,绿道分段打造,呈现出不同的景观效果。1910—1913 年奥姆斯特德对
波士顿公园进行了改造,为公园增加大面积草坪,展现田园风光。

图 2-12　波士顿公园体系

  波士顿公园绿道系统是集观光休闲、文化遗产旅游、休憩健身于一体的综合性绿道,其在满足大众需求的基础上更加注重人性化设计,为人们提供了漫步、跑步、野餐、骑马、网球等空间,在尽量不破坏绿道自然环境的基础上,进行人文景观塑造,保留工业遗产,展现绿道的历史风貌。

  迈阿密河绿道也是美国绿道实践中较为成功的项目,迈阿密河过去是一条工业河流,其滨河空间成为工业污染、犯罪的避风港,后期对河流进行整治,清理河流沉积物,并加深河道,增加河流沿线的基础设施。迈阿密河流拥有丰富的自然资源,沿线拥有文化遗产,保留了很多历史建筑。设计将工业化的滨河道改造成了集游憩、文化旅游、休闲娱乐为一体的复合型绿道,通过改造提高了绿道的通达性,同时也提升了周边的土地价值(图 2-13)。

图 2-13 迈阿密河绿道

图 2-13　迈阿密河绿道（续）

　　休斯敦原本号称为河湾之城，但丰富的自然资源带来了人口、商业的聚集，使城市快速发展，交通和工业占据了城市的大片土地。随着城市化的加速，带来了洪水等环境问题。1913 年，规划师亚瑟·科米提出沿河湾构建一个线性公园，在当时并未得到广泛支持。很多河道为了防洪被硬化，道路的铺设使很多原本连通的河流被截断。直到 20 世纪 70 年代才开始重视河流的保护，对河流进行整治，新建一条长 300 英里（大约 482.8 千米）的线性公园，将哈里斯县 10 条主要的水道范围内的 190 万城市居民生活区域连接起来，城市重新与自然融合，设计步道走廊、公园及截流蓄洪设施，建立汇水区，帮助重新连接分散的生态斑块，创造居民与自然及不同人群的连接。该项目使河湾不同尺度的开敞空间发挥了最大价值，为市民提供了一个优质的游憩活动空间。

二、欧洲

1. 欧洲绿道的研究动态

欧洲在城市发展早期形成了轴线设计思想,在城市中心布置广场通过轴线进行连接,形成城市加广场的城市模式。16世纪至19世纪中叶,以景观轴线为代表的线性美学影响城市布局,城市中出现了连接公园的公园路,在这之后出现了林荫大道,即在道路两侧种植行道树进行景观修饰,林荫道是绿道的雏形。

法国巴黎在经历了只注重皇宫区域及轴线建设,城市基础设施匮乏之后,开始反思城市建设,将重心放在了城市公园及游憩绿地的建设上,在结合了法国轴线式城市道路的基础上,建设了大量的林荫道,种植成行的行道树,兼具生态和游憩功能(图2-14)。

图2-14　法国巴黎林荫大道 （图片来源:作者自绘）

英国最早经历工业革命,农村劳动力涌入城市,城市人口和用地急剧膨胀带来了一系列环境和社会问题。对此,霍华德提出"田园城市"的理念,认为应建立城市和乡村相结合的模式,把城市和乡村的各自优点进行融合,建立城乡一体化的城市模式,城市四周要包围有永久性农田。每个城市之间设置永久绿带,通过建立农业绿化带,防止城市盲目扩张,并形成放射性道路,由城市中心向各田园城市进行辐射,通过乡村特色的绿道连接城市和中心城区。田园城市理念对绿地及绿道规划具有借鉴意义,如规划大块农田及绿化用地、加强城市生态绿地的建设、建设中央公园和带状绿地,以及辐射状的林荫道,对绿地的规划从局部到整个城市,将绿地建设融入城市环境建设中(图 2-15)。利用绿地控制城市盲目扩张,通过林荫道将相邻的区域连接,通过建立绿色廊道,提升开放空间的品质和通达性。

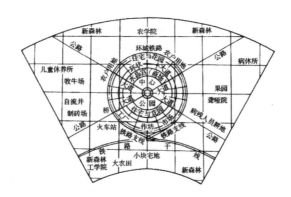

图 2-15　霍华德"田园城市"理念

伦敦绿道在城市发展向郊区化、逆城市化过渡的背景下产生的,18 世纪英国的城市公园系统开始发展,海德公园、摄政公园、维多利亚公园和格林公园等大型城市公园修建,泰晤士河道沿岸是伦敦最主要的城市公共空间,为了提高城市绿地的可达性,建设不同系统之间的自然廊道,构建出由城市绿地景观、水资源环境、滨水公园和公共休息空间组成的城市滨水绿道系统。提出"绿链"的理念,将城市分散的绿带进行连通,形成综合性的绿道网络,用绿道将伦敦与伦敦周边的区域进行连接,用景观带、林荫带和绿化带将不同类型的开敞空间连接起来,形成城市开敞空间系统。"绿链"模式分别建立不同类型的网络,如自行车道、步行道、生态绿道,自行车道主要是提供休闲和通勤功能,步行道路主要是沿学校、车站、公园、购物中心所建立的休闲步道,生态绿道为城市生态廊道,为生物提供栖息环境,同时是野生动物迁徙的通道。"绿链"是集游憩、生态为一体的高品质绿色通道,在当时伦敦多个区域都有实践。

德国的绿道实践的代表是鲁尔区,鲁尔区曾是欧洲乃至世界最重要的工业区之一,区域内人口密集,工厂、住宅区交织在一起,形成稠密的交通网。由于生产结构单一,世界性钢铁过剩、老工业区发展趋于饱和等因素,在 20 世纪 50 年代开始衰落,于是政府提出振兴老工业区,改变生产结构,优化生态环境,进行了综合整治。通过 7 个主干绿道成功整合了 17 个城市的绿道网络,将"脏乱差"的工业区改造成生态、宜居的城市环境,并通过立法保障了跨区域绿道的实施,提升了周边土地的价值。

三、亚洲

20 世纪 20 年代欧洲区域规划理念传入日本,促进了日本绿道规划思想的萌芽。1939 年日本制定了第一个公园绿地规划,提出设置环形绿带,20 世纪 40 年代在名古屋、横滨等城市中心区域相继开始绿道建设。20 世纪 60 年日本在建设新城的同时开始大量规划公园及连接公园的绿道,城市绿道网络初步形成。1975 年后,日本开始出现大量不同类型的绿道。

2003 年,名古屋制定了《名古屋道路空间绿化标准》,对城市绿道的植被进行更加细致的规划。具有代表性的是久屋大通绿道,在市中心规划了宽 100 米、长 2 千米的道路(图 2-16)。中部为久屋大通公园,包括名古屋电视塔、洛杉矶广场等著名景点,占地 11.18 公顷,是市中心的一片"绿洲"。绿道周围交通十分便捷,可达性较强,拥有丰富的自然资源和自然景观,注重其生态性,尽量保护原有植物。

绿道规划中充分考虑到市民的活动需求,在南部活动区设置了大量的座椅等休憩设施,提高绿道的游憩品质,为市民在城市中心提供了一块可以亲近自然的绿色空间。

图 2-16　名古屋久屋大通绿道

20 世纪 80 年代,新加坡为改善城市环境兴起了绿道的建设,仅用不到 30 年的时间实现的绿道总长达 360 千米,并实现了保护生物多样性的目的。新加坡公园连接道系统将自然开敞的自然森林保护区及红树林湿地保护区用绿网连接起来,主要贯穿公园、休闲用地及体育用地,在城区营造生态廊道,为鸟类提供觅食及繁殖的空间。原有的公园与绿色开敞空间通过生态廊道构成绿色网格体系,连接滨海区,优化原有绿地资源,绿道中还设置了野生动物穿行的通道。绿道除了布置绿化景观,还设置慢行道路,增加绿道的可达性。到 2019 年新加坡已建成较为完善的绿道体系(图 2-17)。

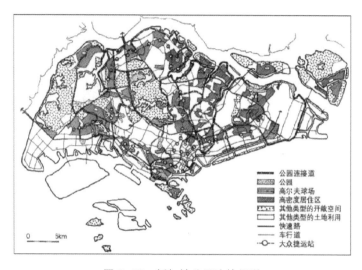

图 2-17　新加坡公园连接绿道

第六节　国内绿道的理论研究与实践

我国在城市公园建设的发展进程中,在认识到生态的重要性后,结合生态和游憩等功能进一步发展为现代绿道。国外的绿道思想在 20 世纪末传到国内,我国在结合自身的基础条件和发展状况进行了探索。1990—2000 年是我国绿道建设的初期,依据《城市绿化条例》和《公园设计规范》等相关文件和规范,主要是在道路和河流两侧进行绿化建设。研究文献主要集中于国内相关理念的探讨、国外绿道理论和实践的介绍。国内绿道理论与实践研究可分为三个阶段:①绿道理论研究的开端,主要从绿道概念的引入到第一次完整介绍国外的绿道理念。②单一绿道研究时期,这一时期国内实践大多仅限于单一绿道的研究,如环城游憩带、环城绿带、生态廊道、带状公园、滨水带、文化线路、遗产廊道等。③绿道网络研究的开端，此前的城市绿地系统研究，对于线的要素和作用关注较少，自从珠江三角洲绿道实践开始，国内研究绿道网络的文献开始增多。20世纪90年代起，城市滨水绿道项目开始陆续建设，但结构及功能较为单一，基本是沿着水系的绿色廊道，重在保护功能，2010年以珠江三角洲绿道规划为起点，武汉、成都、杭州等城市兴起了绿道建设的热潮。湖北省武汉市2011年获批特色滨湖绿道，以城市湖区作为景观中心，汤逊湖、后官湖、武湖等10个面积较小的湖泊周边作为滨水绿化带，此后，湖北各地相继开始修建绿道。

一、我国绿道的发展特点

我国绿道从起源到21世纪的全面发展，经历了以下几个阶段。

1. 由单一功能向复合型绿道转变

现代绿道的功能多为复合型绿道，这些功能是基于多个学科的研究成果而产生。绿道的功能由最初为城市道路和区域道路提供绿化、保护重要的河流流域和景观轴线等单一功能的线性绿地和开放空间，向具有游憩、休闲、审美等功能的复合功能转变，如景观生态学意义上的生态廊道，绿道经历了多次提升，绿道的功能转变构成了绿道演变的历史。

2. 绿道受众对象的转变

工业革命后，城市经济得到了很大的发展，但同时城市环境受到污染，城市公园和风景道的出现满足了人们的生活需求，改变了人类的生活品质。如今越来越多的学者从生态学的视角理解城市斑块与自然斑块之间的关系，理解城市与乡村之间的关系，绿道除了为人们提供休闲游憩的功能以外，还要发挥生态功能，为生物提供迁徙的廊道，这使得绿道服务对象的改变，不仅仅是为人类服务，还要考虑其他生物的生存环境，维持生态平衡，从而构建有机的生态绿道。

3. 绿道形态和层次的转变

绿道的形态是线性的,串联城市风景区、城市公园、遗产保护区等城市重要的节点,后来发展为环状绿道,并进一步增加绿道的密度,将零碎的斑块连接起来,这就构成了生态绿道网络。绿道的规划设计最开始多从城市内的景观、休闲和生态保护考虑,之后逐渐开始增加了社区层次的绿道,从最初的区域绿带、风景道、公园连接道、区域开放空间发展到后来的生态基础设施、绿道网络等。在我国绿道除了关注改善城市环境问题以外,同时关注统筹城乡协调发展。绿道的层次主要有区域层次的绿道、城市层次的绿道、社区层次的绿道,构成多层次的绿道网络。

二、我国各地绿道建设情况

近年来,我国北京、广州、武汉等地相继开展绿道建设,从一二线城市逐步发展到三四线城市。

1. 北京市绿道生态基础设施规划

北京作为一个特大型城市,非常注重城市环境的提升。自 2007 年起,北京绿道从生态格局、土地生态规划入手,对城市绿道的生态基础设施做了大量研究,研究北京市面临的主要环境问题,如水环境保护、农田及生物保护,将历史文化保护纳入生态基础设施的范畴,研究市民休闲的需求。具体的实施中先发展城市边缘地带,后发展城郊和城市内部,生态基础设施及绿道系统的建设是一个长期的过程。

北京营城建都滨水绿道是北京市"十二五"规划纲要"打造十大滨水绿道,营造绿色滨水空间"规划内容中的十条城市滨水绿廊之一。北起木樨地,南至永定门桥,全长约 9.3 千米,沿西城、南城护城河而建,周边更有白云观、金中都故址、天宁寺、先农坛等众多历史古迹,以及大观园、陶然亭等人文景观,历史文化底蕴深厚。北京营城建都滨水绿道将沿岸众多京城重要历史文化古迹有机地串联在一起,同时营造优美的休闲健身绿化慢行空间,最大限度发挥滨水绿廊的休闲、景观、生态功能,重现"碧水绕城,轻舟帆动"的美好景象,将北京营城建都的历史文化展示给世人,让大家知道北京从这里开始。

2. 浙江省绿道规划

浙江省从生态浙江的目标出发,整合不同区域的资源特点,实施多层次、多目标的绿道网络建设战略,对绿道规划实行分级的形式,即省域绿道、地区性绿道、城市区域内的绿道三个级别进行打造,围绕风景名胜区、自然保护区、森林公园进行绿道网络的构建。在省域绿道建设中注重维护生物多样性,保护区域环境中现有的生物资源,对文化遗产廊道实施保护,沿河流、山脊、森林公园、自然保护区建设生态廊道,发挥绿道的生态功能。地区性绿道围绕各区域的资源特点进行构建,浙东沿河道、海及岛屿设置绿道,浙西则沿着地貌及山脊线设置绿道,浙中依水系营造绿道。城市区域内的绿道主要是沿着城市林地、滨河绿地形成区域内的绿道骨架,城市内利用交通将城市公园、绿地进行连接,形成完整的公园绿地系统,在城市道路及慢行空间设置基础绿道网,沿山体、河道构建生态廊道。浙江省绿道从改善环境、恢复生态的角度出发,针对河道污染、野生生境减少等问题,设置具有生态功能的绿道网,促进全省绿化优化,改善沿线自然环境,在绿道建设中将生态与人文相结合,保护生态廊道,恢复被破坏的生境,保护自然文化遗产。

杭州环境优美,水系纵横,杭州市水网发达,沿水系建有基本贯通的步行道路,水系整治工程在恢复水系生态功能的同时,沿水系建设连续的非机动车道,鼓励市民步行、骑行上下班,绿道是一个综合项目,涵盖了城市功能的各个方面,通过绿道的建设可以产生多方面的效益,实现生态改善、历史及文化保护。

浙江金华白沙溪河是一条充满记忆的母亲河,在城市化进程中,生态环境破坏,驳岸硬化,河流周边活动空间严重不足,影响河道游憩服务功能的发挥,河道沿线旧厂房废弃,现状土地价值较低。改造方案以保护环境为出发点,完善水生态系统,营造会呼吸的自然河道,通过内河和雨洪湿地系统的规划将沿河的鱼塘、低洼地作为湿地系统纳入白沙溪河水系之中。构建滨水开放空间与慢行交通网络,丰富游憩体验。结合河道周边的用地性质、资源状况、人群活动需求等在白沙溪河两侧建立三级滨水开放空间,为游憩居民提供丰富的休闲场所,两侧连续的绿道网络,串联主要的景观节点,增强游憩体验连续性。通过一系列的景观规划与设计,使白沙溪既是"一条生态的河流",通过乡土植物营造丰富的生物生境,维护河流内景观系统和完整性;又是绿色休闲廊道,沿河自行车道和滨水游憩空间节点的打造,使其成为城市郊游的最佳场所。

3. 河北省绿道

河北省秦皇岛市汤河公园位于市区西部,公园地处城乡接合部,将过去脏乱差的河流廊道改造成为了绿荫环绕的"红飘带"。原有河道存在脏乱差的人为环境和残破设施、建筑物,包括一些水塔、老旧厂房,很多地段堆放垃圾,场地可达性差,空间无序,存在安全隐患。面对上述问题,要满足城市对河流廊道的功能要求,将河流廊道的生态保护和居民使用功能相结合。生态保护包括水源保护、乡土植物保护和营造生物栖息地,服务功能包括科普、宣教、休憩。设计最大限度地保留了河流生态廊道的绿色基底,引入一条玻璃钢为材料、长达 500 米的红飘带,成为绿道特色的景观装置,它与木栈道结合是座椅,与种植台结合是植物展示区,与解说系统结合是科普展示廊。在整个生态廊道中保留原有河岸植被和地形,沿着原先堤坝上的泥巴路修建了自行车道,绿道分布 4 个景观节点,分别种植四种乡土野草为主题,在城市化进程中,保留自然河流的生态,维护其生态服务功能,用最生态的方式来创造一种人与自然和谐共生的生态人文环境(图 2–18)。

4. 广东省绿道

广东绿道是从 20 世纪 90 年代以来新区域主义管治理念在珠江三角洲区域的规划实践探索中应运而生,在《珠江三角洲城镇群协调发展规划(2004—2020)》中,提出了"一环、一带、三核、网状廊道"的珠江三角洲区域绿地构建框架,结合区域功能和行政功能提出了区域绿地、经济振兴扶持地区、城镇发展提升地区等 9 类分区,延续和深化了《珠江三角洲经济区城市群规划》提出的用地模式构成的管治理念,也是区域绿地管理思路的创新。为落实《珠江三角洲城镇群协调发展规划》

图 2-18　秦皇岛汤河公园绿道

构思,2006 年颁布了《珠江三角洲城镇群协调发展规划实施条例》,强化对绿地空间的管治。2009 年 8 月省委、省政府提出明确开展珠江三角洲绿道网规划建设,在 2010 年 1 月的中共广东省委十届六次全会上,做出建设珠江三角洲绿道网的重大战略部署。2012 年 5 月,《广东省绿道网建设总体规划》由省政府批复实施,标志着珠江三角洲绿道网在战略和实施层面扩展至全省,从政策层面支持了广东绿道功能完善和内涵提升。截至 2013 年底,珠江三角洲共建成绿道网 8 298 千米,以珠江三角洲为核心贯通全省的绿道网络基本形成。

珠江三角洲的绿道网络建设充分利用自然和人文资源,突出科普、旅游、教育、健身功能,拓展绿道功能,同时将城市滨水公园、古驿道、体育公园建设纳入绿道建设中,以水岸公园为节点,以"点"带"线",强化绿道的生态和文化功能,将生态公园、公共绿地、生态林地串联起来,建构绿道网络。整合绿道沿线的自然和人文资源,体现绿道弘扬地方文化的目标要求。截到 2015 年年底,累计建成绿道 1.2 万千米。

广东省政府 2016 年提出了修复南粤古驿道,加强绿道管理的目标,将绿道的建设核心转变到古驿道的修复上。古驿道是古代为满足军事、政治需要,运送物资的重要通道,提供停留、休憩的空间,并配备驿站等设施。修复古驿道可以大力提升绿道的文化内涵。古驿道沿线包含众多历史文化资源,串联历史村落、文化古迹、工业遗产,对古驿道的资源进行保护和修复,可以发掘这些区域的文化价值,结合旅游、康养、农业景观,建立片区文化名片,振兴这些区域的经济,改善人居环境,提高古驿道的通达性。

广东省绿道建设以滨水绿道为建设重点,将岭南文化融入绿道建设中,打造具有岭南特色的绿道景观,不仅仅是提取岭南文化的符号,从深层次思考绿道岭南文化的内涵,从整体规划出发,强化绿道景观的地域性。广州市的绿道目前发展更多的是郊野型绿道,更多的是基于风景名胜景点和乡村旅游点。深圳龙华区环城绿道实现人与自然的和谐共生,加快推进龙华区"现代化、国际化、创新型"中轴新城的建设步伐。根据龙华区四面青山环绕的特点,结合周边自然山水资源,坚持生态优先、保护优先、自然恢复为主的方针,高标准打造一条国际一流的最自然、最生态、最有趣的"龙华绿环"。龙华环城绿道(图 2-19)规划全长 135 千米,分为门户示范段、城市活力段、人文体验段、生态休闲段四大主题段。结合山体、水库、河流及公园绿地,选线连接了 7 个森林公园、郊野公园, 14 个主要水库及水体,沿线途经 8 大景区和 15 处主要的文化景点,串联 40 处城市公园/社区公园。环城绿道主线 70 千米形成环绕龙华区的大环,支线 65 千米形成 20 个小环,打造大环套小环的新格局,满足骑行、徒步、登山、休闲等不同出行需求,形成多功能的复合型绿道。其中,羊台山段依托丰富的水库、溪谷、山石、泉水等自然资源,打造一条以"大山大水、登高览胜"为主题,体验登山望水,观石赏泉、探谷寻溪的野趣绿道,共设置有竹径通幽、蝴蝶谷、览胜台、卧龙遗蛋、山水连城、云溪谷、七仙泉、玉林湾等 18 处景点。

图 2-19　深圳龙华环城绿道

广东绿道的发展建设提升了人居环境,改善了生态环境,成为践行生态文明建设的重要方式。通过串联公园绿地、林地、河流、山脉及文化遗产,在整合文化资源,维持生态平衡方面发挥了重要作用,并为这些区域注入了新的活力。绿道在规划选线中结合现有地形、水系、植被等资源,避免大规模开发,保持和改善沿线的生态景观,注重历史文化遗产的保护与修复,整合古驿道、文化古迹、特色建筑,将这些人文资源进行串联,充分发掘地方特色,展示岭南文化。尽可能地串联特色景观节点、生态节点,将森林公园、滨水公园、历史村落、传统街区、郊野公园以及商业区、公园、交通枢纽、城市广场,在交通上使绿道网与交通网进行有机衔接,强化绿道与城市公交站、城市慢行空间的衔接,在绿道与市政道路的衔接处设置驿站和自行车观光车停靠点,以有利于交通换乘。

5. 贵州省绿道

贵州省六盘水市是一个工业城市,以煤炭钢铁为主导产业,洪水问题严重,城市河道被污染。为了构建完整的生态系统,将河流串联起现存的溪流、湿地和洼地,形成一系列的蓄水池和净化湿地,移除渠化河流的混凝土河堤,重建自然河岸,使河岸恢复生机,建造包括自行车道和人行道的连续公共空间,增加通往河边的绿道,将滨水开发和河道整治结合在一起。建造梯田、湿地和蓄水池,梯田的灵感来源于当地的农业技术,通过截流蓄水,使陡峭的坡地成为丰产的土地。人行道和自行车道沿着水路铺展在绿色空间上,在湿地、梯田之间形成环路。沿路设有大量座椅,凉亭和观光塔休息平台融入自然中,促进了休闲、娱乐和审美的景观体验、并设计了一个导览系统以帮助游客理解当地的自然和文化。场地中最具标志性的建筑物是暖色的彩虹桥,与凉爽温润气候下的冷色调环境形成对比,连接中心湿地的三面,创造出令人难忘的散步及聚集场所,这里也成为游客喜欢的社交和休闲场所(图 2-20)。通过这些景观技术,衰退的水系统和城市周边的废弃地被成功地转变为高效能、低维护的生态调节区。它巧妙地调蓄雨水,净化污水,修复原生栖息地以实现生物多样性,并吸引了广大的居民和游客。

图 2-20　六盘水明湖湿地公园绿道"彩虹桥"

6. 湖北省绿道

　　湖北省武汉市率先搭建特色滨水绿道网格体系,以城市湖区作为滨水绿道景观的核心,串联相对面积较小的水域滨水绿道,将各个滨湖绿道景观贯通。2016年建成的东湖绿道,实现生态低碳布局,重视现有资源,用绿道将若干个生态斑块连接起来。作为武汉市绿道建设的标杆线路,东湖绿道示范段一期已于 2012 年底建成。它串起沙湖公园、楚河汉街、白鹭街、放鹰台、武汉大学、东湖磨山、东湖梨园、省博物馆等景点,全长 30 千米,包括环沙湖公园段 8 千米、楚河北岸段 2 千米、环水果湖段 1 千米、环东湖郭郑湖段 19 千米。在景观规划设计上立足东湖景观特质，通过生态驳岸设计、植被优化与提升，强化景观体验，并在绿道沿线设置重要的景观节点，沿线建筑及景观小品突出楚文化氛围，运用多种造景手法塑造立体化的景观层次，在公共设施上形成分区分级的交通体系，形成完备的绿道服务设施。除了东湖绿道以外，武汉的主要绿道还有后官湖绿道、环青龙山及江夏绿道、墨水湖绿道。后官湖绿道位于蔡甸区境内，由后官湖、白莲湖、知音湖和高湖四大湖组成，水面约 8 万亩（ 约为 666.67 万平方米 ），湖岸线总长 110 千米。自 2012 年 10 月示范段开通以来，每年有近 700 万人次游玩，沿线植树 5 万株，植被面积 10 万平方米，以"山水相融、田园相映、林城相依、知音文化"为主线。武汉经济技术开发区已经建成 21 千米绿道，还将新建 25 千米绿道。

湖北省从 2010 年开始，绿道建设进入一个高峰期（ 图 2-21 ），除了省会武汉以外，其他地级市也相继开展绿道建设。襄阳岘山绿道，已建成羊祜山段、张公祠段等，全长约 42 千米。黄石于 2017 年启动环磁湖绿道的规划设计，规划面积 3 400 公顷，在已有的绿道建设成果之上进行路段的整合与改造，丰富景观细节，打造人文特色的生态游憩绿道。荆州于 2017 年启动海子湖绿道建设，连接湿地公园，打造集旅游、科教、游憩为一体的生态复合型绿道环境。到 2020 年，全省建成沿江森林生态体系，建成绿道 3 000 千米，实现绿色崛起，积极发挥湖北在长江经济带发展中的"支点"地位和"脊梁"作用。

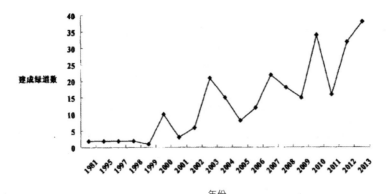

图 2-21　湖北省不同年份建成的绿道数量

第七节　国内外绿道理论及实践的启示

一、绿道设计的关键点

1. 尊重当地的自然环境,保护生物多样性

无论是新建的绿道还是改造已有基础的绿道,都是以保护环境为出发点,构建绿道生态网络,城市绿道突显山水空间及都市森林的生态景观,避免过度开发和建设。构建植物群落多样化的绿道生态格局,为多种生物提供栖息环境,为鱼类、鸟类、昆虫提供食物,更好地涵养水土。人行、骑行路径及游憩设施应远离敏感的生物栖息带,避免人对栖息生物的干扰,合理设置低洼绿地,用天然的方式进行净水。通过绿道的景观设计保护当地的自然环境。

2. 构建多层次多功能的复合型绿道

绿道除了绿化和保持生态性外,还需要满足市民的休闲需求。从国内外的绿道的建设经验来看,绿道具有游憩、休闲、科普、保护城市文化遗迹,将分散的绿化区域连通,同时整合公园绿地、滨水绿地等空间的功能,使其成为连续的带状开放空间。

3. 避免景观结构的单一,营造多层次的景观效果

一般道路绿化景观结构单一,人工痕迹较多,道路部分一般只保障步行交通功能,缺乏良好的骑行和漫步空间的构建;景观植物种类单一,以上层乔木为主,缺乏中下层植物,特别是特色植物的营造。绿道主要通过植物造景、景观节点及驿站建筑等,体现丰富的景观效果。武汉东湖绿道对原有路段进行拓宽、使步行和骑行分行,改变过去混行的方式,并增加水上栈道,强化亲水性。在植物方面进行了提升,在驳岸区域增加本土性植物,分段进行主题性植物的栽植,以体现出绿道特色及地域化特征。绿道景观规划设计要发掘出本地区的特点及地域文化,避免千篇一律。

二、绿道建设实践中的主要问题

1. 绿道空间布局不合理

绿道空间布局不合理,缺乏系统联系与组织,未形成体系完整的城市绿道系统,绿地的空间分布不够均衡,各类绿地没能形成良好的生态网络体系。绿道周围各景点、山系、水系、公园等绿地间缺乏联系。

2. 绿道景观质量不高

一些城市虽然有绿道,但是整体质量不高,未形成系统的绿道生态廊道,绿道线路未形成环线,只做了基础的绿化,功能和景观单一,特定景观区域的植物配植未能形成特色。同时,建设管理滞后,执法力度不够,经营粗放。

3. 绿道生态功能减弱

没有充分利用和发挥绿道的生态特性,城市没有形成良好的生态网络系统,对生物多样性及生物迁徙廊道的规划建设方面措施不够。城市环境的生态系统由复杂变为简单甚至失去平衡,使其不能维持原有完整的生态过程,生物栖息地数量减少,生物多样性等基本生态特征逐步消失。绿道建设未能整体谋划,起到连通绿地、水系的作用。

绿道建设要与发展生态文明、建设宜居城市结合起来,把绿道建设规划与区域规划、土地利用规划和产业发展规划结合起来,实现绿道建设的结构系统化、功能多样化。营造舒适的绿道环境,使城市分散的绿色空间或主要节点进行连通,形成相互贯穿的综合性的绿色步行通道网络,建设完善的公共服务设施,满足城市现代休闲活动的功能需要。让绿道成为日常健身互动的场地,同时也可以让人们方便地到达社区内部或社区之间以及城市其他的重要场所,如学校、商场、城市公园或者是办公地等,使城市绿道成为城市步行系统中非常重要的一个组成部分。

第三章　绿道相关理论及概念

第一节　现代景观规划理论

现代景观建筑学经历了百年的发展，1986 年,国际景观规划教育学术会议明确阐述景观规划学科的含义:"这是一门多学科的综合性的学科,其重点关注土地利用,自然资源的经营管理,农业地区的发展与变迁、大地生态、城镇和大都会的景观。"同济大学刘滨谊教授认为景观规划学基于风景园林和规划的学科背景,具有多学科交叉的特点,其实践的基本方面均蕴含有三个不同层面的追求以及与之对应的理论研究,又称景观规划设计实践三元论。

（1）景观感受层面,基于视觉的所有自然与人工形态及其感受设计,即狭义的景观设计。

（2）环境生态绿化,环境、生态、资源层面,包括土地利用,地形、水体、动植物、气候、光照等自然资源在内的调查、分析、评估、规划、保护,即大地景观规划。

（3）大众行为心理、人类行为以及相关的文化历史与艺术层面,包括潜在于园林环境中的历史文化,风土民情、风俗习惯等与人们精神生活世界息息相关,即行为精神景观规划设计。

相对于传统园林,现代景观规划设计涵盖面更大,功能更加复杂,需要满足大众文化需求,讲求经济性和实用性,公园规划设计、居住区设计、绿道景观设计以大众为受众人群。现代景观规划设计专业涵盖面也非常广,涉及美学、生态学、心理学,不仅仅是从形式美的角度考虑,还会从人类的身心需求出发,根据人在环境中的行为来研究如何创造赏心悦目同时具有游憩功能的景观环境。现代景观规划设计的制约因素也在不断变化,包括现代城市密度比较高、人多地少、环境被破坏、用地基础条件差等,所以在景观规划设计中要善于利用有限的土地,见缝插绿,保护和修复生态环境,来创造比较好的景观。

第二节 景观生态学

一、景观生态学的概念

景观与风景、景致所表达的内涵相似,都是视觉美学,依靠道路、景观节点、城市建筑、植被等元素的相互作用创造。瓦尔德海姆在《景观都市主义》中提出,景观都市主义"成为重新建造城市的媒介""景观既是表现城市的透镜,又是建设城市的载体,景观取代建筑成为当今城市的基本要素"。这段景观都市主义的核心思想至少包含两层含义:一是以景观作为视角能更好地理解和表述当今城市的发展与演变过程,更好地协调城市发展过程中的不确定因素;二是景观作为载体介入城市的结构,成为重新组织城市形态和空间结构的重要手段。

现代景观注重生态性。无论在怎样的环境中建造,景观都要与自然发生密切的联系,这就必然涉及景观、人类、自然三者间的关系问题。席卷全球的生态主义浪潮促使人们站在生态环境的视角上重新审视景观行业,景观设计师们也开始将自己的使命与整个地球生态系统联系起来。现在,在景观行业发达的一些国家,生态主义的设计早已不是停留在论文和图纸上的空谈,也不再是少数设计师的实验,生态主义已经成为景观设计内在的和本质的考虑(图3-1)。越来越多的景观设计师在设计中遵循生态的原则,将可持续设计理念、绿色生态理念引入景观设计之中。在设计中尽可能使用再生原料制成的材料,尽可能将场地上的材料循环使用,最大限度地发挥材料的潜力,减少因生产、加工、运输材料而消耗的能源,减少施工中的废弃物,并且保留当地的文化特点。

图 3-1　生态景观

减少水资源消耗是生态原则的重要体现之一，雨水收集灌溉系统、雨水花园的设计都是景观生态性的体现。例如，德国柏林波茨坦广场地面上和广场建筑的屋顶都设置了专门的雨水回收系统，收集来的雨水用于建筑内部卫生洁具的冲洗、广场上植物的浇灌及补充广场水景用水。从生态的角度看，自然群落比人工种植群落更健康，更有生命力。景观设计师应该多运用乡土的植物，充分利用基址上原有的自然植被，或者建立一个框架，为自然再生过程提供条件，这也是景观设计生态性的一种体现。

景观生态学是对景观中环境关系的研究，认为自然在景观层面是一个动态系统，对环境和土地利用状况做出反应。土地利用方式影响着生态系统的功能，同时影响着野生生物的栖息质量。景观是由不同土地单元镶嵌组成的区域，城市视为由斑块、廊道和基质共同组成，且共同完成生态系统中的功能。景观生态学斑块原理可以理解为对城市绿地的尺度、数量、形状、位置进行因地制宜的整合。通过生物、物质的流动构建完整的生态循环系统，通过廊道串联或分割不同大小的斑块，使生物呈现多样化。在景观生态学中"斑块-廊道-基质"的理论,可以运用到城市绿道景观设计中。

二、"斑块-廊道-基质"的景观空间结合

景观要素是景观的基本单元,景观空间可以被看作斑块、廊道的组合,景观基质则是宏观背景,认识绿道穿越地区的地形条件要从"斑块-廊道-基质"来分析不同的景观环境(图3-2)。

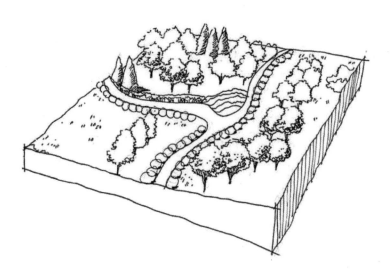

图3-2 景观廊道(图片来源:作者自绘)

1.斑块

在外貌上与周围地区有所不同的一块非线性区域,其四种结构性指标为群落类型、起源类型、大等级和形状。斑块分为人工斑块和自然斑块,人工斑块是与周边土地或土地覆盖的不同的住宅、商业和工业、工厂等用地;自然斑块包括草地、草甸及灌木中的湿地。

2. 廊道

廊道在土地嵌合体中具有较为明显的空间特征,是与基质有所区别的一条带状土地,其结构和功能与景观区域内的连接度关联。廊道定义为一种狭长形的带状栖息地,许多廊道的形成和地形、气候与植被的分布密切相关,构成连接度最高并且在景观功能上起着优势作用的景观要素。廊道的类型有多种,有以林木为主的廊道也有滨河廊道,其自然要素为野生动物提供迁徙通道和栖息环境,其最主要的功能是通道和连接作用,有时也会起到阻隔某些生物的作用。

3. 基质

基质是景观面积中最大且连通性最好的景观要素,景观中占主导地位的土地利用,基质对景观发挥重要的功能,城市的基质是城市建设用地,草原的基质是草地,森林中林地是基质,农业地区农田是基质。

基质代表的是景观的总体背景,城市是由住宅楼、办公楼等建筑构成的景观基质,在景观基质中分布着绿地、公园、水体等斑块,以及步道、城市绿道构成的廊道网络。斑块的分布有时与自然条件相关。

三、景观要素及连通性

景观要素可以发挥多种功能,除连接的功能,还具有生物栖息地的功能,可以起到净化环境的功能,如滨水植被可以过滤径流中携带的有害物质。

景观的连通性是指景观斑块之间的连接,绿道设计中景观的连通性非常重要,通过绿道促进人的活动及野生动物的迁徙。

四、景观生态设计

景观生态设计属于景观生态学的应用,与景观生态规划有一定的联系但是又有区别。景观生态设计更多地从具体的工程或具体的生态技术配置景观生态系统,着眼的范围较小,往往是一个居住小区、滨水空间、公园和绿地等的设计;而景观生态规划则从较大尺度上对原有景观要素的优化组合以及重新配置或引入新的成分,调整或构建新的景观格局及功能区域,使整体功能最优。景观生态设计强调对功能区域的设计由生态性质入手,选择其理想的利用方式和方向。景观生态规划与景观生态设计是从结构到具体单元,从整体到部分逐步具体化的过程。

第三节　绿色基础设施

绿色基础设施是一个由河流、公园、湿地、森林、绿道等构成的生态网络。绿道是绿色基础设施的一部分,绿色基础设施是绿道的延伸和扩展,是绿道综合服务能力的提升,通过构建绿色基础设施来实现区域环境的可持续发展。城市绿道的服务设施通常会包括:管理、商业服务、娱乐健身、科普教育、安全保障、环境卫生以及相关的共同设施等。其中,管理服务设施主要有绿道管理中心、绿道内游客的服务中心以及负责治安管理的治安办公点等;商业服务设施主要包括自行车的租车点以及餐饮中心等;娱乐健身服务设施主要包括:休闲健身广场以及医疗服务中心等;科普教育服务设施主要包括科普知识宣传、展示以及讲解设施等;安全保障服务设施主要包括:安全防护、消防、治安以及医护急救服务中心等;环境卫生服务设施主要包括公共厕所、垃圾箱以及污水处理等服务设施;其余的市政公共服务设施主要包括通信、给排水以及照明和供电等服务设施。

一般情况下,像公共卫生间、垃圾桶以及休闲服务设施是必不可少的,并且,需要根据实际需求,合理安排摆放位置。驿站是绿道主要的服务管理型建筑,绿道驿站往往设置在绿道沿线的景观节点,因此其建筑形象和功能设置显得同等重要。驿站采用的建筑风格、造型、形式、元素符号、装饰等,应符合当地传统建筑的视觉意象及风貌特征,使得驿站建筑具有地域特色和文化传承,注重与周边环境相融合,驿站建筑本身构成了绿道环境中的一处景点(图3-3)。至于凉亭、回廊以及各式座椅则可根据需要适当安排,座椅应按照人流量设置合理的服务半径。另外,为了更好地满足人们的不同需求,可以适当地设置一些意见箱,综合游客的合理要求,提高自身的"人性化"服务质量。

图 3-3　绿道驿站

第四节　城市绿道网络

城市绿道网络由一系列城市绿道组成,位置在城市的行政范围内,是一种可建构的模式,可规划、设计和管理,是具有生态、游憩、文化、审美、防灾等多功能的可持续的线性开放空间。城市绿道网络主要是以连接在一起的城市绿道所构成的生态网络作为组团,在各个城市之间通过区域级绿道进行联系,社区级绿道与城市级绿道相连接,形成游憩绿道网络。每一级的绿道都与上一级的绿道连接,城市级的绿道和区域级的绿道相连,社区级的绿道和城市级的绿道相连,区域级绿道在两个城市组团之间也可以贯通。环城绿道,会随着城市的扩张向外扩展,在与其他城市连接在一起就变成了城市之间的绿化隔离带。城市绿道网络在城市中发挥了重要的作用,在《珠江三角洲绿道网总体规划纲要》认为绿道的功能可以分为四个方面,分别为生态、社会、经济、文化功能。城市绿道网络所串联的绿地通常具有以下类型。

一、带状公园

带状公园的理念在我国历史悠久,古代建设护城河和沿城墙种树的方式和今天的城市中的带状公园有异曲同工之妙。现代的带状公园常常结合城市道路、水系、城墙而建设,是绿地系统中颇具特色的构成要素,承担着城市生态廊道及游憩的功能(图3-4)。在越来越多的研究中已将景观生态学引入带状公园的规划设计之中。

图3-4　带状公园

二、绿化隔离带

住房和城乡建设部在2018年公布的《城市绿地规划标准(征求意见稿)》中提

出:"绿化隔离带的主体应是绿地及其他自然、半自然要素,如农林用地、水域等。"其具有控制城市无序蔓延、提升城市环境质量、提供市民游憩场所等多种功能。

三、风景道

风景道和景观道含义相似,在区域旅游活动中占有重要的地位,是具备旅游和交通功能的道路。风景道正在发展成为一种新型旅游功能区,成为深受自驾车游客喜爱的线型旅游目的地,成为优化空间布局、区域协同发展的重要抓手。北京交通大学余青教授认为,风景道这种线性公共景观与面状、点状景观的不同在于:它承载了休憩游览、景观体验、信息引导、科普教育等功能,将游憩、景观、遗产保护等多功能进行融合(图3-5)。

图3-5 风景道

四、生态廊道

绿道在生态学意义上也可以称为"生态廊道",具有"功能流通性",不同的栖息地或种群之间的个体流动,连通性的高低取决于生物的日常行为方式和生活习惯。廊道也可以是连续的线状的景观要素,可以是线状的滨水林带,也可以是成片的绿地,这些廊道使物种在不同的栖息斑块和景观中移动,在长时间内实现区域尺度上的迁移。生物迁徙廊道是指能够促进和保护野生动物进行活动、迁徙的带状景观要素,尤其是指促进生物在栖息地斑块间移动的廊道,生物在景观中的活动是重要的景观过程之一,不同的物种会有不同类型的迁徙路径。在设计的过程中要考虑廊道对其他物种和生态过程的综合影响。廊道也可以作为某些物种生活和繁殖的栖息场所,廊道作为栖息地的功能大于通道功能,多条廊道所构成的网络是连接区域中不同类型栖息地最佳的措施,植被比较好的廊道则成为动物可以遁入的庇护所。

滨河廊道主要是由生长在河边的植物群落所构成的生物廊道,对水体具有遮阴的作用,具有温润的环境和肥沃的土壤,长势较好的植被,河流廊道对生物的保护具有重要的意义。滨河林带处于水域和陆生系统的交界面,在较近的范围内可以提供水生和陆生两类栖息地,其相对肥沃的土壤和充足的水分供给,使得滨河林带具有很高的生产力。美国南部的阔叶林廊道具有肥沃的土壤,充足的水分形成温润的小气候,使昆虫和植物有充足的食物和养分,相比其他地区生境,滨水区具有更多样性的物种。

滨河廊道是水陆相交的界面,作为一种位于河流与城市人工环境之间的缓冲地带,可以减轻上游带来的干扰,从而保持水生生态系统的健康。滨河廊道(图3-6)通常会包含一些湿地,这些湿地具有特殊的水文特征和植被类型,包括池塘、水塘及森林湿地,对保护河流生态和资源具有重要的意义。滨河植被缓冲带可以过滤来自坡面的泥沙,缓冲带的植被类型主要有草地、木本植物、针叶林、阔叶针叶混交林,滨河的湿地也具有截留泥沙的作用,树木和枯木有助于降低水流速度,根

图 3-6　滨河廊道

系和地下茎可以加固土壤,滨水植被和枯木会增加河道的糙率,可以在水量变大的时候降低水流速度。水温是衡量水质的一个重要特征,夏季与河道相邻的滨水植物可以通过遮阴避免高温,植被增加雨水下渗保持土壤持水量,也有助于河流在炎热的季节降温,可以通过在河流的源头和上游区域增加滨水植物对水温进行调节。滨水植被还可以提高滨水栖息环境的稳定性,滨河的枯木、树枝和根系可以形成浅滩,植被本身也可以加固堤岸,这些浅滩可以形成多种类型的栖息环境,提升生物的多样性。河中的枯木和沿岸散布的植被为多种生物提供了遮蔽场所。河流的形态也会影响水生生境,河流越是蜿蜒,生境类型就越多。在上游河段,滨水植被是主要的食物和能量来源,当滨水植被带中有多种提供食物的来源时,水生生物的数量会提高。草本、地被植物具有较高的营养,落叶乔木和灌木具有纤维。因此状态良好、多样性高的滨河植被,可以为河流生态系统提供稳定的食物补给。

第五节　城市滨水绿道

滨水景观是城市水体特有的一类景观,它不是单一的景观元素,而是将城市自然、人文、生态服务等多方面进行有机结合,将观景、休闲、娱乐、历史文脉、地域特色、生态环保等诸多功能进行组合,形成人与人、人与自然的有机联系。滨水景观的类型有多种,如滨水广场、滨水绿道、滨水驳岸等,利用自然水体及周边环境为载体,通过不同的景观设计手法营造滨水生态环境,滨水景观空间往往是线性的,随其岸线的形态走向,具备一定的共同特性。

滨水绿道是滨水景观的其中一种类型,可以独立存在,也可以和其他类型绿道相联系、结合。查尔斯·利特尔在《美国绿道》中,将其定位为五大绿道类型之一,即城市河流型绿道,作为城市衰败滨水区复兴的一个常见的措施。

我国城市绿道建设起步较晚,具有系统性研究的理论较少。同济大学刘滨谊教授在 2001 年根据当前国内绿道的发展情况,首次提出了城市河流型绿道的概念,2006 年又依据绿道所串联的载体而提出了滨河绿道(沿着河道或水域边界分布的绿道），从而进一步细化了滨水绿道在城市绿道中的类型特点。

随着城市的发展和人们环保意识的提升，我国各个城市正在致力于水环境治理工程建设，这给滨水绿道的规划设计和建设提出新的要求，带来了新的机遇和挑战，为我国滨水绿道设计增添了新的思路和活力。

滨水绿道集水资源保护、串联城市功能、承担通勤及休闲功能于一体，主体为沿水体周边的慢行系统，可贯穿城市公园、公共绿地、风景名胜区，将零散的绿地串联起来，形成连续、生态的绿色廊道，是河流和城市界面的过渡空间，影响着城市的生态系统。滨水绿道包括滨水绿地、慢行道路及配套设施，对构建城市文化遗产廊道，维持生物多样性，提升城市整体环境品质发挥重要作用，形成滨水绿色网络体系，完善城市生态结构，丰富城市景观形式（图 3-7）。

图 3-7 城市滨水绿道

国内对慢行交通的研究和发展于 2001 年出现在上海，目前，北京、广州、深圳、杭州、武汉等大城市都已进行了慢行系统的规划。慢行交通包括步行交通和非机动车交通，慢行空间由慢行交通衍生而来，是指串联起来的线性开放的景观空间，

61

游客在慢行空间里主要以步行和非机动车通行,包括通勤及休闲性慢行。以满足通勤等目的的出行通常会注重交通设施的便利,如遮阳棚、天桥、换乘车站、自行车租赁点等。休闲性慢行空间具备观赏、健身、娱乐的功能,一般在道路两侧进行景观营造并设置相应的设施,如景观步道、滨水广场等(图3-8)。

图3-8 城市绿道慢行空间

城市滨水绿道慢行系统,是将沿水系的城市公园、绿地、风景名胜区串联起来的开放型线性空间。内部交通以步行和骑行为主,景观设计因地制宜,根据场地的地形进行设计,从使用者的需求出发,并配备相应的功能性设施,构建为具生态效益的多功能复合型绿道。

一、城市滨水绿道特征

城市滨水绿道是城市景观的重要组成部分,具有公共开放性、历史文化性、生态多样性等方面特征。

1. 生态多样性

滨水绿道由水生环境、水岸环境、陆地环境构成。水生环境中有水草、鱼类等水生生物;水岸环境中有浮水植物、挺水植物;陆地环境中有地被植物、灌木、乔木、陆生生物。

2. 线性空间

滨水绿道沿河流、湖泊而建,是一种连续的开放型的线性景观,沿途景观节点沿纵向轴线分布,形成了良好的景观序列,这种沿水而建的带状空间,是维护滨水生态平衡的重要措施,根据其周围的地理环境,进行绿化营造,种植高大乔木、灌木、花卉,结合各类公共服务设施、景观小品,形成滨水生态游憩空间。

3. 亲水性

亲水性是滨水绿道的一个显著特征,在滨水绿道中设置有各种形式的临水栈道和亲水平台供游客近距离接触水环境,通过营造绿道慢行景观,让景观和滨水环境更融合,在保证人身安全的前提下满足人们的亲水需求,要在安全的基础上营造各种人造水景,人们开展亲水活动的条件,提高滨水绿道景观的亲水性。

4. 历史文化性

城市中的滨湖或者滨江的绿道往往处于城市的重要区域,也是人们聚集和物质文化交流最为频繁的地区。如东湖绿道位于武汉东湖风景区,近现代还有九女墩、陶铸楼、屈原纪念馆、朱碑亭等历史文化遗址,汉口滨江绿道地处江滩公园和江滩之间,在这里各种文化和信息汇聚,本土文化和外来文化相互交融。城市滨水绿道选址在人文荟萃的自然风景区,经过长时间的沉淀会形成独特的绿道人文特点。因此,一个城市的地域历史文化特色与城市的滨水景观密不可分,城市滨水绿道景观的优化设计一定体现地域文化特色。

5. 功能的多样性

城市滨水绿道景观是一个功能多样性的综合性景观空间,其功能包括健身娱乐、休憩游览、科普教育,景观设计的元素众多,如植被、公共景观小品、湿地景观环境、湖滨广场、驿站建筑。呈曲线状的游览路径,在景观处理上或动或静,既有横向上的道路景观,又有竖向上的立体生态驳岸,功能设计上满足不同人群的需求,创造出了变化丰富的多维滨水景观景象。

二、城市滨水绿道的功能

城市滨水绿道体现着城市文明，更能深刻地显现城市历史文化的内涵和外延，对于城市形象、文化及娱乐等方面皆有积极作用，并具有如下功能。

1. 生态功能

城市滨水绿道景观营造亲水、可持续发展的环境，一方面能使原有的滨水水岸得以拓宽，同时，增加了滨水带的绿化面积；另一方面最大限度地保护滨水区的生态肌理，增加了城市公共绿地面积，丰富了城市绿地的形式，通过营造生态湿地、驳岸景观、健康步道，形成可持续发展的滨水生态环境（图3-9）。

图3-9　绿道的生态功能

2. 形象展示功能

城市滨水绿道连接公园、名胜区、历史古迹的开敞空间纽带，绿道在发挥生态功能的同时，越来越注重提升文化内涵，绿道设计中在公共艺术、驿站建筑等方面融入地域文化，充分展现了本地的自然风貌和人文内涵，滨水绿道景观的建设和优化，在改善城市滨水环境、提升城市形象的同时也可以推动城市经济发展。

3. 游憩功能

城市滨水绿道由慢跑道、骑行道和各类休憩设施构成,绿道景观中的植物、铺装、景观小品等要素融合,能满足游客多样化的游憩需求。城市滨水绿道临水而建,具有良好的亲水性,因其优美的自然环境与人文气息,将成为人们修养身心、感受愉悦和美的景观场所,构成特色线性景观。随着绿道建设的兴起,改变过去单一的功能和景观形式,将健身、游览、科普、休憩等多种功能融合进来,提高了居民的生活品质(图 3-10)。

图 3-10 宁波生态廊道

三、滨水绿道的连通性

1. 绿道连通性概念

绿道起到串联景点、承上启下的作用,作为线性景观空间具有完整性、连续性,使零散的斑块得以连接和贯通,即绿道的连通性,是绿道定义中基本的特征之一。绿道的连通性的作用在于使绿道成为一个连接公园、绿地、旅游景区的绿色通道,从而促进交通通行、动物迁徙。绿道作为慢行空间,连通性显得格外重要,连贯畅通是对绿道交通路网基本的需求。连通性主要包括景观的连接,动物迁徙通道的畅通、生态廊道的连接。

（1）景观生态学——景观连接度。

在景观生态学中，连接度包括结构连接度和功能连接度。结构连接主要是景观空间的连接，如绿道中公园、广场、绿地等不同的景观空间连接，主要是空间和形态上的连接，而功能连接比结构连接层次更高，主要强调景观的生态性。

（2）景观生态学——生态廊道。

景观生态学提出了"斑块–廊道–基质"的框架体系，生态廊道的概念是景观生态是否具有系统性和完整性。它是基质和斑块沟通联系的关键环节，是通过生态廊道，促进物种在斑块之间迁移，从而增加种群之间的基因交流，可以维护生物的多样性，保护生态环境（图3–11）。

图3–11　宁波市东部新城生态廊道

2. 绿道连通性的重要性

绿道的连通性对生态保护产生重要影响，决定了绿道的功能和生态平衡的维护。城市零碎的斑块通过绿道进而整合起来，通过不同的连通方式，恢复生态廊道空间的连续性,为野生动物提供迁徙通道,优化城市交通、维护生态环境,将对绿道的综合效益、通行效率以及生态保护发挥重要作用。

四、滨水绿道可达性

可达性是从某一地点到达目的地点的便利程度,是对某种运动行为结果的判定标准。应用在绿道交通空间里,是对绿道连续性、流畅性的重要体现。北京大学俞孔坚教授认为:某一景观的可达性是指从空间中任意一点到该景观的相对难易程度,其相关指标有距离、时间、费用等,反映了景观对于某种水平运动过程的阻力。

第四章　绿道相关案例分析

第一节　武汉东湖绿道景观规划设计实践

一、项目概况

武汉东湖水域面积达 32.4 平方千米,东湖绿道自然环境优美,一期工程全长 28.7 千米,串联起东湖的磨山、听涛、落雁三大景区,设计了湖中道、湖山道、磨山道、郊野道四条主题绿道,西门户——楚风园、东门户——落霞归雁、南门户——全景广场、楚山客厅——磨山挹翠四处门户景观及八大主题区域,一期所选的路线沿线很多是已有景观基础的路段,景区及配套设施相对成熟。

在交通方面,绿道空间连贯流畅,运用绿道串联主要的景点,注重内部交通的串联和外部交通的衔接,湖中道交通连贯流畅,运用绿道连接主要的景观节点(图 4-1)。在对外交通方面,其南面对接磨山道,可以进入磨山景区,西至梨园广场,周边设有地铁站、公交站,楚风园周边设有停车场。绿道在功能上满足公交道、人行道、自行车道,并可以举办马拉松、自行车等国际赛事。

植物配置上层采取分段打造,营造和突出各个路段的景观特色,以香樟、枫杨、女贞、垂柳、无患子、朴树、乐昌含笑、石楠、桂花、广玉兰等遮阴大乔木、遮阴中乔木及常绿乔木为主,中层植被以樱花、梅花、山茶、鸡爪槭、红枫等开花色叶小乔木配合夹竹桃、迎春、杜鹃等高灌木及中灌木,下层以小叶女贞、麦冬、茶梅等低矮灌木为主,同时栽植睡莲、荷花、香蒲等水生植物。种植方式主要是孤植、丛植的形式,

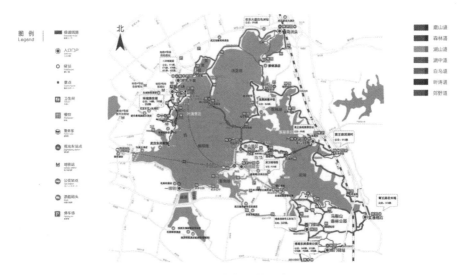

图 4-1　东湖绿道选线

高灌木充当背景及绿篱,中矮灌木色彩缤纷,具有季相性变化;低矮灌木沿硬质景观边缘丛植,防止边坡侵蚀;保留原有场地中的特色树种,如池杉、梧桐。

　　将绿道景观融入自然环境之中,枫多山驿站位于枫多山和猴山之间,在一处现有的公共沙滩的一侧,利用现有的水上构筑物进行延伸,通过水上栈道围合游泳及休闲区构成受保护的边界。在景观的布局上,两侧保留现状水杉,利用平坦的草坪打开中央,形成视觉通廊,透出湖景,将枫多山驿站融于山林之中,运用木材等生态材料减少施工对生态环境的破坏。景点中注重文化氛围的塑造,如湖中道有楚风园、鹅咀等主题性景区,楚风园以荆楚文化为特色,园内有楚文化主题的雕塑,特色游船码头,并种植湖北地区的乡土植被;鹅咀位于湖中道与郊野道的交汇处,三面临湖,自然风光宜人。湖中道中还设置历史文化型的建筑如湖光阁。磨山门户位于整个区域的最北端,起到承上启下的作用,该区域的特色景观是将楚文化青铜器凤鸟纹等抽象纹样应用于场地中的灌木整形及地面铺装上,反映出武汉丰富的文化历史。

　　绿道设计中注重绿道连通性与景观体验性,在梅园和荷花园之间提供步行连接,步行道沿水岸边设置,增加其亲水性,北边林地中设置蜿蜒曲折的步行道路,与起伏的微地形景观呼应,利用滨湖绿道的自然资源优势将滨湖的自行车道设置成曲线形,湖滨广场设置水台阶形成剧场效果。湖滨的人行步道向湖面延伸形成阶梯小广场,增加场地的亲水性。湖滨有双向步行道和自行车道各一条,亲水景观体验性较好。郊野段绿道作为东湖绿道体系中最具郊野特色和代表性地段之一,结合景中村的改造提升,塑造高品质景观空间,打造多样性绿道体验。

郊野段预留的生物通道为管状涵洞和箱形涵洞,管涵设低水路和步道,可以供野兔、松鼠等小型动物穿行。郊野段景观设计保护原生态还原"野趣",在郊野道沿途设置了亲水场所、林中栈道等。同时,设立以"田园童梦""塘野蛙鸣""落霞归雁"(图4-2)等为主题的野趣景观节点。自行车道与步行道分行,两道之间设绿化带,步行道宽不少于1.5米,自行车道宽不少于6米。为此,将现有道路进行整体拓宽,拓宽幅度不超过2米。

图4-2　东湖绿道"落霞归雁"景区

在材料的选取上本着取之乡野用之乡野的原则。尽量保留场地中的断壁墙垣、野草杂木、独木挑板、坑塘沟渠等设施,并增设夯土、碎石、废旧红砖、啤酒瓶、枯树皮等硬景材料,加上乌桕、水杉、落羽杉、木芙蓉、菖蒲等乡土植物,形成独具乡韵土香的特色绿道。同时考虑新材料、新技术的运用,使路面扎实并富有弹性,跑步、行走都很舒适。选用高黏度、高弹力沥青铺设路面,这种沥青与普通沥青不同,不仅经久耐用,而且更具弹性,跑步、走路时脚感舒适。

绿道设计充分的展现东湖的自然山水资源,做必要的休息停留节点来供游人休憩。在生态方面提出保护山体资源、原有植被保护与群落修复、植物规划、选用本土苗木、留出生物通道等专题,这些专题也指导设计按照科学的方向进行。

二、经验借鉴

1. 道路交通体系

东湖绿道在选线上优先选取能突出东湖特点及魅力的路段,尽量选取已经建成或者有一定基础的绿道(图4-3)。部分路段按照自行车和举办国际赛事的标准进行设计,即按自行车道宽度不小于6米、人行步道宽度不小于2米、其他路段按自行车道宽度3~4米、人行步道不小于2米进行建设,在道路交通上采取"分区分级",实行内慢行、外车行的交通体系,车行、步行、骑行分道而行,互不干扰。外部车道有机动车、公交车,景区具有交通接驳空间,内部交通主要以步行和骑行为主,强化内外交通系统有效衔接,优化公交路网,将公交枢纽场布置在景区周边的位置,线路不干扰景区绿道,衔接公交客流但不对景区构成干扰。

图4-3 东湖绿道特色步道

内部交通上体现绿色出行,设置东湖绿道专线公交,景区之间增加接驳电瓶车,以景区核心景点为中心,实现与各大景点的衔接,新增码头,串联磨山、武汉大学、东湖梅园、落霞归雁景区等热门景区,整合水上交通资源,开辟特色水游览路线,增强水上景观体验感。道路材质上选用高黏度、高弹性沥青,可渗透环保铺装及特色铺装,东湖绿道大部分道路采用隐形井盖,即井盖被隐藏在人行道或绿化带下面。

2. 植被保护及提升

绿道植物规划上实行生态优先的原则,对植物群落中池杉、枫杨等关键树种和乡土植物加以保留,实行分层规划,结合现有地形,采取乔木、灌木、花卉、水生植物相结合突出地域特色,以植物串联起各大景区,营造各类植物专类园。

(1)湖中段。为展现东湖自然风光,纵览东湖山水美景,以蓝色为该段景观的主色调。道路植物搭配以透景为出发点,采用"行道树 + 地被"的种植模式,局部结合节点、停留点点缀带状花境,营造简洁、自然、清爽的滨水景观。景观特色:基本维持现貌、丰富节点,观赏点在于看湖。

(2)湖山段。基于本段背山临水的特点,以彩色为本段植物色彩的主色调,以彩叶、观花、观果植物为特色,营造丰富、变化、多彩的滨水景观走廊。景观特色:绿道两侧增加彩叶植物及观花、观果植物,观赏点为成片的彩叶及观花果植物。

(3)磨山段。基于磨山丰富的自然植被资源,植物设计保留磨山风景区总体生态格局,以绿色为整段景观色彩的主色调,以楚辞植物、芳香灌木及地被为特色,打造一条葱郁、静谧、幽香的环山步道。景观特色:逐步增加彩叶树种,丰富林下植物,观赏点集中在中下层观花、观叶植物。

(4)郊野段。基于场地的资源和肌理,选用特色乡土植物,恢复东湖的自然生境,以黄色为整段植物色彩的主色调,以观赏草及花果类农作物为特色,营造野趣、自然的滨水景观绿道。景观特色:保留现有宅前屋后上层乔木,节点处增加观花、观果乡土植物,补充中层高草及下层花甸、观赏草及水生植物,观赏点为成片的高、低草花甸。

3. 驿站建筑形式

驿站是绿道建设的重要组成部分,也是东湖风景区里基础设施中亟须增加的重要内容。驿站有两种建设方式,一是在规划指定位置新建驿站,二是结合现有条件对现有建筑进行改造,满足使用需求。驿站采用了多种结构形式。改造驿站采用了轻钢结构;新建驿站中,磨山段采用了木结构,临湖驿站采用微型钢管桩等形式。各级驿站均具备交通换乘的功能,换乘的自行车和游览车可尽量停放在户外空间,搭建雨棚等构筑物遮风挡雨,减少对建筑室内空间的占用。

4. 生态驳岸的处理

东湖绿道驳岸设计在岸线的处理上采取曲线形,采用了抛石处理来稳固驳岸,通过叠石来营造滨水景观。东湖绿道在湖岸的转折处设置了亲水平台,增加亲水景观体验性。

第二节　河北迁安三里河生态廊道

一、项目概况

迁安市位于河北省东北部,燕山南麓,滦河岸边,主城区虽西傍滦河,但由于地势整体低于滦河河床,高高的防洪大堤维系城市的安全,却将河水隔离在外,有水却不见水。三里河是滦河支流,为迁安的母亲河,承载着迁安的悠远历史与寻常百姓许多记忆。它的卵石河床帮底坚固,受滦河地下水补给,沿途泉水涌出,清澈见底。虽久经暴雨洪水冲刷和切割,但河床依然如故,从无旱涝之灾,为沿岸工农业生产提供了极为丰富的水利资源。20世纪初在三里河创建了迁安第一座半机械化造纸厂,70年代,由于城市化进展的发展,大量工业废水及生活污水排入河道,使得河道污染日益严重。三里河生态廊道工程从2007年4月开工到2010年初,经过两年的建设,形成了绿树成荫的优美环境,还原了昔日母亲河的绿色风貌(图4-4)。

改造前

改造后

图 4-4 河北迁安三里河生态廊道改造前后

迁安三里河绿道由原来堆砌垃圾和废水排放的通道改建而来,绿道为串珠结构,一条"蓝带"即河道串联多个景观节点,景点之间为狭长的过渡地带。该项目占地约 135 公顷,全长 13.4 千米,宽度 100~300 米,为一带状绿地公园,上游由引滦河水贯穿城市之后,回归滦河。经过两年的设计和施工,一条遭遇严重工业污染、令迁安市人民为之伤痛的"龙须沟",俨然恢复了当年"苇荷相连接,鱼鳖丰厚,风光秀丽"的城市生态廊道。项目将截污治污、城市土地开发和生态环境建设有机结合在一起,充分展现了一片曾经被忽视遗忘的污染地如何重新发挥景观的综合生态服务功能,蜕变成绿色生态基础设施和日常景观。项目沿河建立了供通勤和休闲使用的步行和自行车系统,与城市慢行交通网络有机结合,融合当地传统特色的艺术设计形式,提升了民众的社会认同感。该项目产生的生态效益及其景观的美学特色,促进了该地区的可持续城市发展(图 4-5)。

图 4-5 廊道湿地环境

二、经验借鉴

（1）上游区域从滦河引水，两岸种植植物，涵养水源，溪流两侧设置人行车道和自行车道，下游疏通河道，建立生态堤岸，完善两岸绿化建设（图4-6）。

图4-6　两岸绿化建设

（2）运用雨洪管理的方式，使河道形成"下洼式"，即使在水量少的时候，也能保持湿地，绿道具有雨洪调节的功能，营造一个多样化的生物栖息地。截留雨污，进入污水处理厂，沿河设置多个雨水排放口。

（3）运用低碳景观理念，场地中的原有树木都保留，运用低维护成本的乡土树种，建立自行车道，与城市慢行交通网络有机结合，在河道中建立"树岛"，水边设置亲水平台，沿河绿植围绕，形成完整的生态廊道。

（4）采取分段打造。工业文化段使滨水景观和工业遗产保护相结合，打造市民休闲中心。城市滨水段中恢复河道自然景观，为市民提供滨水活动场地。郊野段以大面积森林为背景，突出河流及滨河绿道的自然野趣（图4-7）。

图4-7 特色滨水景观

第三节 美国波士顿公园体系

一、项目概况

波士顿公园体系不是一个个单独的公园，公园道（Parkway）以及流经城市的查尔斯河巧妙地将分散的各个块状公园连接成一个有机整体，"翡翠项链"的美名也由此得来。公园系统建设历时17年，将波士顿公地、公共花园、麻省林荫道、滨河绿带、后湾沼泽地、河道景区和奥姆斯特德公园、牙买加公园、富兰克林公园和阿诺德植物园这9个公园或绿地有序地联系起来，形成了一片绵延16千米，风景优美的公园绿道景观。

波士顿公园体系这9个核心组成部分中，波士顿公地、公共花园和麻省林荫道是利用波士顿原有的公共绿地改造而成的各具特色的景观地带（图4-8）。波士顿公园横卧于波士顿城市中心，采用自然式布局的树木和草坪营造出一片自由清新的田园风光。在公共花园建设了美国第一座公共植物园，贯穿全园的法式中轴线、

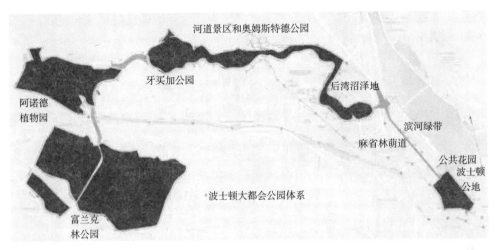

图 4-8　美国波士顿公园绿道体系

中部的天鹅湖、湖上的法式吊桥以及主入口处竖立的华盛顿雕像,这些风格鲜明的设计,使其成为一处独特的国家历史地标。麻省林荫道则是一条连接公共花园和后湾沼泽地的法式林荫大道,这里也是整条翡翠项链上最狭窄的一环,道路两旁立着许多雕像和纪念碑,形成足以与巴黎林荫大道相媲美的景致。

　　河道景区、后湾沼泽地和牙买加公园这三处在进行景观建设的同时强调城市水系的综合治理,着力解决城市防洪和水质污染等问题。河道景区对浑河水域进行了一系列环境改造,治理河道,加强绿化,修建石桥和沿河小道,以供人们沿河休憩观赏、散步骑车等。后湾沼泽地则在设计师精心的改造下,从原本浑浊不堪、遍地垃圾的沼泽地摇身一变,成为一座草木葱茏、小桥流水、芦苇摇曳的自然公园,这一派难得的乡野风光吸引许多人群前来,或静观清流,或幽径漫步,或桥边小坐,好不自在惬意。牙买加公园是以波士顿最大的一片天然湖泊——牙买加湖为中心设计建造的,沿湖点缀着几处暗红色的哥特式建筑,这里是人们划船、钓鱼的绝佳选择。

　　相比之下,余下几处公园则是以游赏功能为主,其中以富兰克林公园规模最大。这座以美国著名科学家、政治家富兰克林之名命名的公园也是波士顿最大的公园。这座公园最突出的特色在于通过具有野性、粗犷、质朴和如画特质的景观元素最大限度地还原乡野景色,从而为公众提供了一个自由进行户外活动,充分享受自然美景的地方。

二、经验借鉴

(1)保留自然景观,并致力于实现工业社会中城市、人与自然三者之间的和谐共生。这一规划有效缓解和改善了工业化早期城市急剧膨胀带来的环境污染、交通混乱等弊端,为市民开辟了一片享受自然乐趣、呼吸新鲜空气的净土。

(2)公园系统连通了波士顿中心地区和布鲁克莱恩地区,并与查尔斯河相连,将大量的公园和绿地有序联系在一起,形成一个完整的体系,改变了城市的原有格局,构建了波士顿引以为傲的城市特色与风貌。

(3)"翡翠项链"不仅巧在设计,更是美在情怀。在整个"翡翠项链"的景观设计当中,奥姆斯特德打破传统意义上的园林设计方法,将一系列不同类别的园林景观的规划设计均置于为公众服务这个大前提之下,使其成为供城市居民休闲娱乐、亲近自然的开放场所。至此,园林景观不再是少数贵族的专属,而是服务于广大人民的真正意义上的公园,从而对波士顿乃至美国的民权运动都起到了巨大的推动作用。

第四节　新加坡榜鹅滨水绿道

一、项目概况

新加坡榜鹅滨水绿道是新加坡市区重建局"园林与水域计划"的一个项目,设计公司为 LOOK 建筑设计事务所,在国际曾获得多个大奖。设计团队花了四五年打造滨水绿道,模仿过去榜鹅乡间积水莲花婀娜生长的风貌,特别在衔接步道的榜鹅公园里设置两个巨型莲花池,在保留榜鹅昔日纯朴风情的同时,也给人耳目一新的感觉(图4-9)。诗情画意的榜鹅滨水绿道,不只受到榜鹅居民的欢迎,也成为游客喜爱的休闲地。

图 4-9　新加坡榜鹅滨水绿道

4.9 千米的步道突破材料限制,将美观与实用合为一体的创意设计,获得芝加哥文艺协会的建筑与设计博物馆和欧洲建筑艺术与城市研究中心联合颁发的国际建筑大奖。步道的选材是整个建筑工程所面对的最大挑战,考虑到若采用热带硬木,每隔五年就得更换,并不环保,因此设计团队选用一种由玻璃纤维混凝土构成的模拟木材,将它倒入木材倒膜中制造木材的纹理,步道既保有纯朴风味又实用。

二、经验借鉴

(1)强调绿道的使用功能,使用经久耐用的金属作为亭子的选材,在尊重自然生态的前提下,保留场地历史风貌,加入实用现代的设计,在自然生态步道中又不失现代感。

（2）生态材料的选用,慢行步道选用玻璃纤维混凝土构成的模拟木材,并利用木材倒模制成木材纹理模具,使步道更显生态自然。

（3）注重文化景观的塑造,保留榜鹅镇具有历史风貌的人行桥、步道墙绘,展示榜鹅的历史变迁,在公园衔接步道中设置两个巨型莲花池,表达乡间水中莲花的美丽形态。

（4）景观细部设计体现了人性化,绿道中的指示牌和标识清晰易识别,并设置无障碍通道,利用缓冲植物带隔离滨水区,为骑行者提供安全的慢行空间。

第五章　城市滨水绿道生态景观设计

第一节　生态驳岸设计

水体驳岸对城市的生活及生产活动具有显著的作用和影响,在景观生态学中,驳岸属于生态交错带,受自然生态系统中边缘效应影响尤为显著,也是生态系统变化及受干扰程度最为频繁的地方之一,对于维护环境中生物的多样性有着重要的意义。生态驳岸是指恢复后的自然河岸或具有"可渗透性"的人工驳岸,它可以充分保证河岸与河流水体之间的水分交换和调节,除具有护堤、防洪的基本功能外,可通过人为措施,重建或修复水陆生态结构,生物丰富,景观较自然,形成自然岸线的景观和生态功能。

一、滨水区的问题

目前,我国城市滨水区面临的主要问题有以下几点。

1.滨水区域景观混乱

城市滨水区域的开发大多数属于城市空间中未被利用的荒地或是开发滞后的城市土地,随着滨水空间在城市中的价值提升,许多滨水区域出现了城市土地经营落后于市场开发需要,造成了地块之间的景观不协调,如新建开发项目与旧的居民区或者工业厂区相邻的布局,严重影响了滨水驳岸景观的整体品质。

2. 人工驳岸硬质化

过去很多城市水体驳岸的处理侧重于防洪与抗冲刷,缺乏对生态人文景观等方面的考虑。硬质驳岸阻碍了水土之间的物质交换,减少了水体生物多样性,减弱了水体自净能力,使湖内水质较差;硬质驳岸水生植物不能很好地生长,植物景观变差;水流加速,导致河床大量泥沙沉积。硬质驳岸使水面与人之间没有阻隔,驳岸形式单一,驳岸线形式僵硬,游览极易产生视觉疲劳,且不利于水鸟的栖息。

3. 公共游憩空间缺乏

随着城市的发展,房地产业的迅速扩张,部分滨水区以其优越的地理位置与较高的价值空间,使得许多开发商对其进行高密度开发。滨水地区商业开发用地增多,居民公共活动空间日益减少,高楼林立,对滨水景观视线及城市远景等产生了负面的影响。

二、生态驳岸的功能

驳岸是滨水步道中重要的组成部分,既要满足防洪要求,又要满足生态要求。生态驳岸主要是运用工程技术使人工参与对河流生态进行恢复,或将破坏降到最低,既具有防洪的功能又能发挥河流的生态性,可以创造出丰富的景观空间,维持生态系统的平衡,通过河岸形式的组合可以丰富绿道岸线。生态驳岸的设计可以避免滨水绿道空间的狭长与呆板,对于水体和岸边的高差较大,可以采取缓坡式阶梯驳岸,高度通过台阶进行分段处理,从而缓解高差,从水体自然过渡到绿道。还可以采取生态护坡的方法,河岸缓坡形成以后通过植物扎根到土壤里加固堤岸,既可以形成驳岸景观,又起到维持生态平衡的作用,考虑水体的最高水位、最低水位和防洪要求,在不同的时期保证有安全的观赏空间。驳岸设施尽量选择对水体无污染的柔性材料设施。在驳岸岸线的设计上尽量保留原有的自然河道形态,配合绿道空间提高滨水河道的整体景观品质。生态驳岸具有以下几方面功能。

1. 景观功能

景观驳岸的硬质材料与软质材料带来的视觉和美学效果差异较大,两者形成粗犷与柔和的对比,在不同地方和不同环境中发挥各自不同的景观视觉作用。设计时尽量使用乡土材料,因地制宜。缓坡式、台阶式、直壁式 3 种驳岸类型的景观效果及功能也各不相同,应合理进行选择设计。

2. 文化功能

根据城市中的历史事件、民间传说、名人事迹等历史文化内涵选择适当的表现形式,合理进行滨水驳岸的景观设计,营造出富有地方特色的历史文化气氛,烘托个性的人文景观,传承历史信息,维护历史遗迹。

3. 亲水功能

亲水空间是滨水区最重要的环境特征,生态驳岸是构建亲水性的重要设施,利用滨水游步道、码头、台阶、平台等设施与水体进行充分接触,强化驳岸的亲水性,促进人与水的和谐发展。

4. 良好生态功能

生态驳岸把滨水区植被与堤内植被连成一体,构成一个完整的河流生态系统。生态驳岸的入水部分具有高孔隙率,为鱼类等水生动物和其他两栖类动物提供了栖息、繁衍和避难场所,形成一个水陆复合型生物共生的生态系统(图 5–1)。生态驳岸使硬质景观的比例下降,有利于水土之间营养物质的交换,大量的水生植物,提升了水体的自净能力;岸边层次多样的水生植物以及蜿蜒的水岸提升了游人的趣味性,同时多层次的植物可以作为隔离带,避免游人随处垂钓、冬泳,给园内水鸟营造良好的栖息地环境。

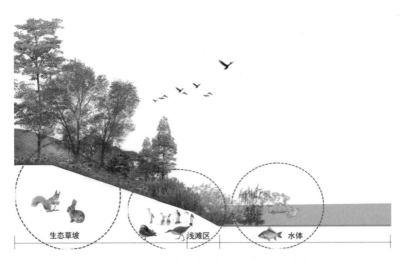

图 5-1　生态驳岸(图片来源:作者自绘)

三、生态驳岸的形态

岸线尽量以蜿蜒的曲形为主,使湖内丰富多变的水岸线与造型别致的亲水栈道相结合,可使游人在一动一静中亲密接触水面,给游人多样的生态景观体验,通过蜿蜒曲折、多样变化,并配合一定的植物,将水体或隐藏或突出,营造出亲水的动态画面,并在水中增加浅滩、岸边增加挺水植物和浮水植物,发挥植物的生态功能(图 5-2)。

图 5-2　绿道生态景观(图片来源:作者自绘)

四、生态驳岸的类型

1. 草坡入水式驳岸

草坡入水的柔性生态驳岸,按土壤的安息角进行放坡,坡度较缓。软硬景观相结合,种植层次丰富,形成自然野趣的河道。周边滨水植物净化湖水的同时,使环境充满自然气息。

2. 木桩驳岸

木桩驳岸使用经防腐处理的木桩,组合排列生动有趣,具有自然乡野的气息。

3. 湿地水生驳岸

以自然野趣为主题,体现特色。湿地水生驳岸对生态干扰小,运用泥土、植物及原生纤维物质等形成水生植物生长环境,为公众提供丰富的滨水植物景观,也是鸟类喜爱的栖息地。从生态效益出发,不仅增加了湿地水体与驳岸土壤的联系,还强化了湿地的生态功能,是滨水空间常用的驳岸类型(图 5-3)。

图 5-3 湿地水生驳岸(图片来源:作者自绘)

4. 石砌驳岸

采用自然式石砌驳岸设计,景观效果自然,便于游人开展亲水活动。石块与石块之间形成许多孔洞,既可以种植水生植物,又可以作为两栖动物、爬行动物、水生动物等的栖息地,形成一个复杂的生态系统,满足景观和生态的要求。

5. 垂直式驳岸

垂直式驳岸能解决河流与周边场地的高差问题,能抵抗较大的冲力(图 5-4),但属于人工化驳岸,应避免大量应用。

图 5-4　垂直式驳岸(图片来源:作者自绘)

6. 退台式驳岸

一般常见于高差较大的区域,运用层层退台的方式解决高差问题,在低水位时形成亲水平台的效果,涨水时可以防洪。可利用阶梯式花坛提供观望平台或座位(图 5-5)。

图 5-5　退台式驳岸(图片来源:作者自绘)

五、生态驳岸的植物配置

生态驳岸植物配置以乡土植物为主,优先考虑生态适应性原则、功能性及经济适用性原则,注重植物群落的完整性、植物多样性以及景观的层次性。在驳岸植物布局上要注意乔木、灌木、草本的搭配,使植物在竖向空间上形成丰富的层次感。在植物景观的营造上考虑季相性,如春季以柳树、碧桃为主,形成桃红柳绿的景观效果。置石驳岸在植物配置时应有遮有露,用垂柳和迎春等植物,让细长柔和的枝条下垂至水面,遮挡石岸,同时配以花灌木和藤本植物如地锦等做局部遮挡。近驳岸水域可配以黄花鸢尾、黄菖蒲、芦苇、香蒲等遮掩坡脚并增加景观层次感。浅水区是生物物种最为密集的区域,这个区域可利用植物为生物营造栖息空间,主要以湿生和耐水湿植物为主,如芭蕉、芦苇、菖蒲。深水区水生植物如睡莲、荷花,注意疏密有致,保持水面的开阔性,提升水面的景观效果。水岸边的植物增加竖向的高差,丰富景观效果,使绿道驳岸景观更加具有层次感,植物选择上注重多样性,耐水性及固土的作用,可选择垂柳、枫杨、水杉等耐水性高大型植物,结合紫松果菊、千屈菜、美人蕉等开花草本,增强驳岸景观的观赏性。

第二节　景观廊道构建

一、景观廊道的构成要素

1. 自然景观

滨水绿道的范围一般是自然风貌较好的区域,有的区域有山体和湖泊,形成山水相依的空间格局,具有景观的可塑价值及生态价值,这些区域保留大量乡土植被,生物种类多,景观类型多样化,对生境恢复具有重要意义。植被呈群落分布,形成乔木、灌木、水生多层次的植物群落。

2. 滨水游憩区

滨水游憩区为滨水绿道的重要的功能区域,涵盖滨水休闲、生态涵养、休闲观光、健身娱乐、文化体验等多种功能。滨水游憩区具有多样化的景观类型,其场所包含较多的景观元素。

3. 文化遗产区

文化遗产区是指由于历史变迁留下的历史遗迹及周边环境,包括寺庙、门楼、牌坊、村落民居、桥梁设施等,对于提升绿道文化体验具有较高的价值。

二、景观廊道的构建原则

1. 生态优先的原则

廊道的构建以恢复自然生境为目标,保护生物的多样性,维持生态系统的稳定性,通过生态栖息地的保护与修复,建立慢行交通系统,减少人为干扰,增加缓冲带的方式确保生态系统的有序发展。采取本土种植,维持生物的多样性。

2.因地制宜的原则

结合区域自然坏境、资源现状,结合地区生产、生活特点,根据区域的自然肌理和地形地貌特征,因地制宜开展廊道构建。

3.网络连接的原则

依托山水、道路等线性景观构成网络结构,廊道的构建结合整体绿道的规划,与绿道网络形成连接,注重廊道的连接度和宽度。

4.多元化的原则

体现在文化的多元、生态的多元及功能的多元,尊重各类文化,廊道的开发以保护自然肌理为前提,并针对目标人群的特征进行廊道的设计。

三、景观廊道的构建方法

根据滨水景观特点确定景观廊道的分段及宽度,分析地域背景和资源条件,确定重要的景观节点,包括自然节点、人文节点、游憩节点。构建不同地段内的景观廊道,将不同地段的景观廊道构建成网,形成绿道廊道网络体系。在缓冲区域内完善景观廊道的功能。滨水景观廊道主要穿越城市文化景区、自然林地保护区和游憩活动区,其主要的构建方法如下。

1.廊道网络结构的构建

廊道的建设从使用者、建设者以及生态性的角度对廊道网络结构进行分类,主要包括六类。第一种是传统型,通过单一的绿道连接两个以上节点。第二种是确定一个或几个非常重要的节点,再将其他节点与之连接,这种类型可以帮助人们快速通过绿道进入其他区域,但绿道之间的连通性不足。第三种是主路和支路配合,将所有廊道的长度控制在最短距离,从而提高经济效应,这种类型的弊端是如果主路断开,将影响绿道的连通性。第四种是一条环路廊道,从起点出发最终回到起点,这种方式对游憩者有利,不用折返就可以回到起点。第五种任意两点都可以连通,构成畅通的廊道网络,但路网较密。第六种是环路和节点的结合,可以在不穿越其他节点的情况下任意两点进行移动(如图 5-6 所示)。

图 5-6　廊道网络结构

这六种类型的网络结构对廊道构建具有借鉴意义,节点为城市中重要的功能场所,如城市公园、中心绿地、城市广场、历史遗迹,通过河道、廊道、风景道、步行道形成的绿道连通,辐射到周边公园、社区、文化遗址,形成更为完善的绿道体系。

2. 空间构造

廊道的连接度取决于其结构和空间布局。在景观廊道的构建上考虑廊道与城市、廊道与河道的关系,考虑廊道空间序列,从自然环境和人文环境两大方面着手,突出廊道的生态性和人文历史特点。在构建的过程中以自然景观为依托,廊道两侧以林地、植被、湿地等自然要素为主,强调自然形态的设计,景观构筑物要适应自然生态环境,符合廊道的自然属性。通过景观廊道的线性空间增加廊道与周边环境的衔接,形成连续的生境空间。

3. 滨水生态带的构建

构建多种廊道形式,如交通廊道,主要供步行或者骑行,其功能主要是交通连接;绿带廊道,其主要形式为林地景观,主要功能是生态功能。廊道在规模上有宽有窄,在形状上有曲有直,是多功能的景观结构。滨河廊道可以有效地进行调蓄和净化水质,实现水系统的生态化处理,在河流的上游新增植被可以过滤泥沙及有害物质,同时起到降温的作用,更好地净化水质,在滨河廊道中设置滨水平台等设施,带动滨水活力。

4. 廊道的植物配置

乡土植物是能够保护水质和低成本维护的植物,在廊道构建乔木层、灌木层、草本、地被多层次的植被结构,滨水种植耐水性植物,如水杉、落羽杉,能使根系扎根在土壤中对堤岸进行保护,用于泥沙过滤的植被应当具有扎根较深且生长较密的根系,从而抵抗侵蚀,如枫杨。建设雨水花园,通过河岸植被和生态草沟对水体进行净化,并运用低影响开发的方式还原本土植物。保证廊道的连续性及网络布置形式,维持廊道植被原貌,遵循自然廊道的原始组成,保证廊道适宜的宽度。

5. 生态栖息地的保护

根据河道的土地利用条件,结合陆生和水生的动物类型,将栖息地划分为鸟类栖息地、哺乳类栖息地、鱼类栖息地。鸟类栖息地主要由树林、岛屿、水面、湿地构成栖息环境,水中设置浮岛。哺乳类动物需要庇护场所,在廊道的构建上需要有一定高度的植被进行庇护,如灌木进行遮挡,也可以利用人工构筑的涵洞和桥洞保证栖息地的安全。鱼类栖息地主要依靠水体环境,营造富有曲线的岸线,结合丰富的水生植物群落,提高水域质量。

6. 生境及生物通道规划

依据廊道周边栖息地情况及动物的需求,构建生物通道,可将其设置在有小型动物迁徙的地段,在湿地、农田、林地等生态斑块中设置中小型涵洞,通过涵洞连接被割裂的生态斑块,改造排水箱、排水沟等地下空间,构建适合两栖动物通行的生物通道。在涵洞设计中,入口处的设计要考虑通道和陆地道路的连接,在排水道上架板和盖,在排水沟两端设立缓坡,便于动物通行。涵洞的视线不受遮挡。涵洞两侧可设置浆果类灌木、草本及藤本植物,如火棘、番薯等诱饵植物(图5-7)。

图 5-7　生态涵洞

第三节　植物景观营造

一、植物总体规划

在绿道的植物配置上主要采取植物群落的方式,营造结构合理、种群稳定的复层混交群落不仅仅是简单的乔木、灌木、花卉的结合,应结合生态学原理进行植物景观营造。

1. 植物景观的季相变化

随着气候季节性交替,群落呈现不同的外貌,绿道植物配置要顾及四季景色,使景观植物在每个季节都具有代表性的特色景观。在保证冬季有常绿树的前提下,适当种植落叶树种,落叶乔木能体现出季相变化,展现色彩美、形态美,同时有利于冬季采光;在植物的配置上常绿树和落叶树比例适当,合理搭配。

2. 群落的垂直结构

植物的层次结构影响其生态功能的发挥,植物的层次性越强,生态效应越佳,混合复层形式多样化,形成多变的林冠线和林缘线,使景观更加丰富。在植物的配置上,应采取乔木、灌木、草本、地被、藤本相结合的方式,乔木下层为灌木留出一定的空间和阳光。生态设计是创造空间稳定和植物景观最关键的途径。

3.观花和观叶植物相结合

观赏花木中的色叶植物如红叶李、红枫,秋景树如槭树类、银杏类,其和观花植物组合可延长观赏期,同时这些观花植物也作为主景设置在重要的景观节点处,搭配其他树种也有不同的观赏效果,如柳树、梧桐、香樟、油松、水杉等,最大限度地发挥绿道的生态效应和环境效应。

二、区域植物规划

1.建筑

建筑边缘区域包括墙体、墙角、入口、窗门洞等区域。墙体一般可用藤本植物或盆栽修饰墙面,可以改善墙体温度,以达到建筑节能的效果。墙体绿化要考虑墙面朝向和墙面材料,北向可选用常绿植物,因为阳光照射较弱,西、南朝向可选用落叶植物以达到冬暖夏凉的效果。墙角绿化由墙角到外侧呈扇形展开,由高到低,墙角可以种浅根系的大型植物以遮挡墙角轮廓(如毛竹、芭蕉、八角金盘),外侧可以种植低矮的灌木形成层次感(如海桐、毛杜鹃、南天竹、麦冬)。

建筑入口人流量大,周边植物配置一般较为优美、层次丰富,以吸引人流、增加导向性,从建筑外侧到入口植物层次越来越丰富,并以入口为对称轴,和花坛搭配,以达到引导的效果。建筑门窗洞前绿化采用落叶乔木为主,避免乔木直接面对门窗洞,遮挡室内光线,宜种植形态优美,最好有香味的植物,如竹、桂花、榆树等形态优美的植物。为了保证采光和通风,植物与墙体距离应大于3米。

2.山体

山体常年多为绿色的,选择植物可增加季节性色叶植物和花木的植物种类,如檵木、山麻杆、乌桕、枫香、檫木等,使得在不同的季节,绿色山体点缀着其他颜色,有利于意境的渲染。而对于落叶树种占大部分的山体来说,植物的选择应该考虑增加常绿树种,使得在秋冬季的山头有景可观,避免萧条。

3. 驳岸绿化

生态型的河道进行植物景观构建时,应优先考虑乡土树种,骨干树种是整条河道及周边出现数量最多的树种,可以构成整条河的基调,采取群植的方式,考虑植物的季相性,选用其他多种颜色不一、姿态各异的树种,使统一的基调中蕴含变化,达到丰富景观形式的作用,使河道周边植物景观实现变化与统一。驳岸植物景观多为群落式布局,如乔木–草本驳岸植物群落、乔木–灌木驳岸植物群落、乔木–小乔木–草本驳岸植物群落、乔木–小乔木–灌木驳岸植物群落、乔木–小乔木–灌木–草本驳岸植物群落等。

水生植物区可利用沟渠和小岛,构建水生、湿生及旱生生境,展示自然水体沿岸植被分布模式,即形成挺水植物、浮水植物、沉水植物及深水区植物的梯度变化特点。水生植物搭配,如千屈菜–鸢尾群落、再力花–睡莲群落、花叶芦竹–鸢尾群落等。

耐水湿植物常见种类有墨西哥落羽杉、垂柳、枫杨、池杉等木本植物,种植于驳岸上方和临近水域,营造出局部的水上森林景观。水生植株高度在 1 米以上的种类有芦苇、花叶芦苇、芦竹、东方香蒲、再力花、水葱、小香蒲、旱伞草、黄菖蒲、千屈菜、美人蕉等,常作为水生植物的上层。梭鱼草、马蔺、水薄荷、鸢尾、金叶黄菖蒲、菖蒲、三白草、泽泻、灯芯草等植株低型的挺水植物,常居于竖向设计的下层。荷花、睡莲、芡实、萍蓬草等,则常作为较深水域的水生植物。

第四节　景观优化设计

一、优化目标与设计原则

城市滨水型绿道景观设计应根据当地区位条件及自然资源进行合理规划,建立基于本地区特点及生态环境为基础的集生态保护、游览观光、科普教育为一体的复合型绿道。以生态保护为目的，通过建立多元化的绿道景观，营造区域特色景点，满足不同群体对绿道功能的需求，为市民提供绿色、舒适的绿道空间。人们对绿道空间的体验要求越来越高，绿道要串联起城市绿地、风景区及重要的功能区。

二、交通优化

1. 交通衔接系统的优化

绿道与机动车道衔接上尽量避免与高等级的道路交叉，如不可避免可采取立交的形式。绿道与停车场衔接时，应在离入口 50 米处设置醒目的标识，30 米处的路面上设置减速带，在与广场出入口距离 10 米处设置醒目的标志。

绿道中的换乘点包括公共停车场、自行车租赁点、公交站点、出租车停靠点，实现快速交通和慢行交通的转换，停车场一般设置在绿道出入口的位置，自行车租赁点应设置在绿道沿线重要节点，如重要景观节点、广场、码头，根据人流密度大小设置租赁点间距，通过设置换乘点及停车设施实现绿道与城市交通道路的接驳。

2. 慢行道路的规划

慢行交通满足游客的通行需求，在优化慢行交通道路的时候考虑游客的使用需求及行为特点，在设计中组织合理的慢行交通网络。慢行道路除了满足交通需求还包括娱乐、休闲、健身等功能。同时衔接绿道交通与城市外部交通，包括慢行路径、慢行节点及慢行区域的连接。慢行节点是慢行道路的交会点，主要包括交通节点、景观节点和服务设施性节点。慢行节点在慢行交通上起到串联道路的作用，满足慢行道路的连续性和安全性。交通节点主要是交通环岛、道路的交叉口、公交站点等。在慢行节点的连接上要注意交通节点与周围道路的连接。景观节点是指绿道中的广场、亲水平台等人流量较大的空间，景观节点的交通设计上主要考虑景观节点与绿道的衔接，重视空间尺度的把握及景观细节的塑造。服务设施性节点是指绿道沿线的驿站、卫生间、售卖点等功能性的设施，多为建筑形态。由于服务型设施多位于慢行道路的交汇处或尽端,同时也是人流比较聚集的区域,注意留出集散空间,注重场地与绿道的衔接,确保其具有良好的通达性,根据绿道规模及游客人数确定其空间尺度大小。

3. 慢行道路的构成

和机动车平行的慢行道路,在慢行道和机动车道中间最好设置绿化隔离带,独立的慢行道路一般形式较灵活,与周围的环境高度融合。慢行道路根据其形态可划分为直线型道路和曲线型道路,两种类型的道路形式各有其特点,直线型道路路线清晰规整,能满足游客快速通行的需求,曲线型道路蜿蜒曲折变化多端,道路两侧易形成丰富的景观效果,有"移步换景"的感觉,景观体验性更好。慢行交通系统除了具备通行的功能外,还提供休闲、健身、娱乐等功能,是绿道中交通出行的重要组成部分。绿道中的慢行交通主要由步行道`、自行车道组成,连接绿道中的景观节点,起到串联的作用。在慢行交通规划时应尽量满足步行、轮滑、骑行等多种功能(图5-8)。都市型绿道可选用沥青、混凝土、透水铺装等强度较高的材料,生态体验型绿道则选用与自然环境较为融合的材料,如木塑复合材料。

图5-8　绿道自行车道

都市滨水型绿道自行车道双向车道宽度不小于 3.5 米,单车道宽度不小于 1.5 米,双车道的宽度不小于 2.5 米,都市型绿道步行道宽度不小于 2 米,步行道和自行车道可以采取并行的形式,中间可用绿化带分隔。自行车道和步行道要配备相应的基础照明设施,慢行空间中要增加景观节点。

三、慢行道路景观优化

慢行道路的景观主要包括自然景观和人工景观两大类。

自然景观包括地形地貌、水体、植被。滨水型绿道依水而建。滨水绿道中无论是背景还是景观节点无一不和水景有着联系,慢行道路中水景充当着背景,水能满足游客亲水的需求和游览、运动等活动,可以增加亲水慢行道路,让游客近距离观赏水景。慢行道路的植物要综合考虑气候、水土等因素,尽量选用低成本维护的乡土植物,运用乔木、灌木、草本植物营造丰富的植物群落景观,实现从水面向驳岸的自然过渡,增加驳岸空间的景观层次。

人工景观主要是指人为构筑的景观,多以硬质景观为主,在景观节点如滨水广场、滨水平台的设计中,利用木质亲水平台构建视野开阔的临湖景观空间,驳岸的形态采取曲岸式,运用亲水平台、台阶强调驳岸的亲水性。人工景观还包括广场、景观节点的空间界面,如道路、地面铺装、景墙等,主要通过界面的材质、肌理、色彩来体现相应的风格和景观特色。

四、绿道服务设施优化

绿道服务设施的特点是其功能性,包括交通类设施、休憩类设施、卫生类设施等。服务型设施的优化要考虑服务设施的间距,根据设施的不同类型和人流量选择适宜的距离。滨水型绿道服务设施的设计要符合人体工程学,体现出设施的地域性。

1. 交通类设施

交通类设施是绿道中比较常见的设施,起到引导游客通行的作用,交通类设施包括道路、护栏、自行车存放设施，以及台阶坡道等辅助性配套设施，在城市绿道和城市区域交通枢纽接驳处应设置自行车租赁点、供游人休憩的场所。道路铺装是交通类设施中的一部分，一般采取平整性、防水性、防滑性较好的材料。自行车道可选用透水沥青、彩色透水混凝土，步行道可采用防腐木、塑木、彩色透水混凝土、透水砖等材料（表5-1、表5-2）。

表 5-1　自行车道常见材料

	透水沥青道路	彩色透水混凝土	露骨料透水混凝土
路面材料			
优点	排水性较好，多种颜色可供选择，施工较容易	承载能力强，施工容易，防滑性能好	透水性较好

表 5-2　步行道路常见材料

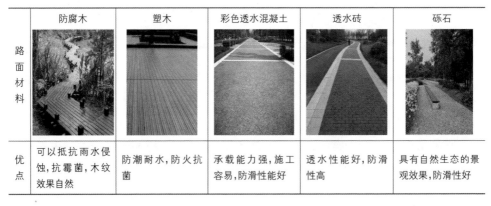

	防腐木	塑木	彩色透水混凝土	透水砖	砾石
路面材料					
优点	可以抵抗雨水侵蚀，抗霉菌，木纹效果自然	防潮耐水，防火抗菌	承载能力强，施工容易，防滑性能好	透水性能好，防滑性高	具有自然生态的景观效果，防滑性好

2. 休憩类设施

城市滨水绿道中的休憩类设施包括亭廊、坐墙、座椅等，这类设施不仅满足功能需求，同时构成景观点，丰富绿道的景观效果，起到烘托景观效果，表现绿道主题的作用。能够使游客在滨水绿道中获得更多的停留空间,激发滨水绿道慢行空间的活力。座椅的设计要符合人体工程学,椅高 38~40 厘米,椅深 40~45 厘米,双人椅长 1.2 米,3 人椅长 1.8 米较为合理(图 5–9)。

图 5–9　绿道座椅意向图

3. 标识设施

标识设施在滨水绿道中必不可少,标识系统的主要功能为使用者提供引导、解说、指示、命名、警示等信息,会让绿道慢行系统具备更完善的功能,更好地组织交通,标识设施的视觉设计会增加游客的视觉观赏性(图 5–10)。标识设施要使指示的信息清晰、明了,特别是警示性指示牌,可用文字、图示、标记的方式表现。在指示牌的外观设计上,同一条绿道应统一风格,指示牌中包含景区地图、方向指引等信息,视觉设计上要具有美观性。

图 5-10　绿道指示牌

4.照明类设施

　　照明类设施在绿道中主要是指各种灯具,如路灯、庭院灯、景观灯等照明工具,能方便游客夜行,为游客创造安全的夜间环境,不同的灯具营造出不同的氛围(图5-11)。随着技术的革新,绿道中将照明设计运用到地面,形成"夜光步道",如荷兰的夜光自行车道其灵感来自凡·高的画作《星夜》,整个设计提升了绿道的艺术氛围,用艺术性的照明方式使普通的自行车道充满创意性,运用太阳能发电的LED灯光作为光源,使绿道既环保又充满了艺术氛围(图5-12)。此外,在绿道照明设计中要考虑光照级别,绿道中的景观节点及中心景观构筑物是光照中要突出的重点,根据绿道中景观节点的特点进行分级打造。

图 5-11　绿道照明设施

图 5-12　荷兰夜光自行车道

5. 卫生类设施

卫生类设施主要是公共厕所和垃圾箱等,是维护绿道卫生整洁的重要设施,影响滨水绿道慢行空间的品质和游客的健康。要考虑公共卫生设施能否为老人、儿童、残疾人士等特殊人群服务，这些都将反映滨水绿道慢行空间构建的整体质量。垃圾箱的材质最好使用不锈钢材料，经久耐用（图5-13）。

图 5-13　绿道卫生设施

第六章　湖北黄石环磁湖绿道设计实践

第一节　地理区位分析

黄石位于湖北省东南部,长江中游南岸,鄂、赣、皖交界地区,城区距武汉主城区 65 千米。磁湖是湖北省黄石市市区的一座美丽的城中湖,水域面积约 10 平方千米,磁湖风景区湖山相映,水岸曲折。岸线总长为 38.5 千米,自然环境优美,人文氛围浓厚,水资源丰富,自然山体与平地组成了丰富的地形地貌,水域、景观绿地、山地、林地是规划区内的现状主体用地,磁湖周边群山环绕。区域内包括黄荆山、大众山、团城山、柯尔山、白马山等景区,湖山相映,周边分布住宅区域及商业区域。随着黄石矿业资源的逐步枯竭,城市发展呈现出各种问题,如环境污染、城市经济增长乏力等。黄石绿道系统规划是黄石"生态立市,产业强市"目标的重要部分,是构建宜居生态美丽黄石的重要抓手。

第二节　绿道现状

一、区域旅游景区

磁湖片区有着丰富的自然资源,自然植被良好,具有山水相依的空间格局和自然风貌。整个规划区域属于城市中心地带,市政配套设施齐全,景观资源丰富,生态环境良好,形成了景观空间上的山水格局,大片的湿地环境和丰富的植被森林覆盖使该区域生态环境优越,所以该绿道属于生态游憩型绿道,现有的设计成果分三段即磁湖北岸、磁湖东北岸和磁湖南岸。磁湖北岸以绿化带连接霞湾榴红、楠竹茶语、磁湖野渡、皇姑览胜四大景观节点,北岸也是磁湖绿道及景区最集中的区域。磁湖东北岸以展示磁湖文化、东坡文化打造高尚休闲文化为特点,打造成为观光游玩、文化体验、休闲游览为一体的磁湖新天地。磁湖南岸为与住宅相连的绿化带。团城山景区可以开展水上娱乐、休闲健身,凸显城市中的自然氛围。磁湖以南区域西塞山区,可进行民俗文化活动、户外运动、观光游览活动。磁湖以北区域将大众山风景区建设成观光休闲、户外健身、观赏植物为一体的风景名胜区。磁湖西南地区为白马山、柯尔山公园景区,山、水、城三位一体的森林城市展示未来城市形象的舞台、区域文化旅游、市民休闲的中心。

现状绿道存在一些问题,如道路宽度未达到绿道建设的要求,部分道路没有可扩展的空间,环湖可利用的空间不足,绿道与市政道路的换乘不便等。现状开发的区域主要为磁湖北岸,主要为团山路、杭州东路、磁湖路、湖滨大道、桂林路。沿线节点为团城山公园、皇姑岭景区、磁湖天地,北岸以生态型绿道为主。主要问题是自行车和步行混行,缺乏机动车及自行车停车区域,部分地段交通拥堵,缺乏功能性服务建筑,绿道沿线缺乏售卖、休憩等设施,游客在游览时有一些不便。

二、自然条件分析

1. 气候条件

黄石地处中纬度,太阳辐射季节性差别大,远离海洋,陆面多为矿山群,春夏季下垫面粗糙且增湿快,对流强,加之受东亚季风环流影响,其气候特征冬冷夏热、四季分明,光照充足,热能丰富,雨量充沛,为典型的亚热带大陆性季风气候。

2. 水资源

黄石境内有长江自北向东流过,北起与黄石接址的鄂州市杨叶乡艾家湾,下迄阳新县上巢湖天马岭,全长 76.87 千米。黄石市有湖泊 258 处,主要湖泊有:磁湖、青山湖、青港湖、菌湖、游贾湖、大冶湖、保安湖、网湖、朱婆湖、宝塔湖、十里湖、北煞湖、牧羊湖、海口湖、仙岛湖,总承雨面积 2 469.76 平方千米。水库 266 座,总库容 25.05 亿立方米,其中大型水库 2 座,中型水库 6 座,小型水库 200 余座。全市水资源总量 42.43 亿立方米,其中地下水资源量为 8.05 亿立方米。

3. 植物资源

黄石地区在中国植被区划上属于亚热带常绿阔叶林区,而地带性植被类型则是亚热带常绿阔叶落叶混交林,实际上亚热带针叶林占一定优势。此外,还有亚热带竹林、灌丛、荒山、草地及人为栽种的混合植被型(街道、公园绿化带)。

黄石植被种类繁多,截至 2015 年,全市已知的主要植被种类有:裸子植物 7 科 18 属 30 多种,被子植物 150 多科 300 余属 2 000 余种,蕨类植物 18 科 30 多属 60 余种,还有藻类、菌类、地衣、苔藓等各类植物。被子植物占绝对优势,其中又以菊科、禾本科、豆科、十字花科、蔷薇科、葫芦科等植物品种为最多。

规划区位于黄石市核心区域,用地情况良好,景观资源和植被资源丰富,现状自然资源主要是景观绿地、山地与林地。形成平地与山地相结合的地形特征,生态环境敏感,自然资源优越。区域现有植物有乔木类、灌木类、草本类、藤本类植物(表 6-1)。

表 6-1 磁湖主要路段植物配置

区域	植物栽植方式	主要植物品种
团城山公园	团城山公园面积广阔,大门入口处采取行列栽植,公园内以高大常绿乔木结合灌木进行栽植,绿化覆盖较好	银杏、樱花、桂花、玉兰、榕树、香樟、悬铃木、紫叶李、夹竹桃、凌霄、黄杨木、红花檵木、天门冬、鸡爪槭、棕榈、龙柏、金叶女贞、石楠
海关驿站	海关驿站以毛竹和灌木为主,栽植形式以丛植为主,海关驿站大门两侧丛植毛竹和乌桕,植物生长茂密	香樟、乌桕、毛竹、樱花、黄杨木、红花檵木、金叶女贞

区域	植物栽植方式	主要植物品种
桂林北路	桂林北路临湖,视野开阔,现有硬质驳岸和滩涂地,以垂柳和乔木配合灌木栽植,临湖区域有开阔草坪	垂柳、桂花、香樟、石楠、大叶黄杨、红花檵木、水杉、凤尾兰、芭蕉、杜鹃、栾树、南天竹
磁湖路段	磁湖路段以植物群落为主,现有植物以丛植和群植为主,挺水植物较多,串联多个景区	香樟、垂柳、水杉、木槿、枫杨、木芙蓉、五针松、木麻黄、梭鱼草、再力花、芦苇、荷花、香蒲、碧桃、紫薇

（1）乔木类植物,大乔木作为城市绿化的骨架,构成绿道上层植物,小乔木多为观花型,景观效果较好。常见有水杉、棕榈、雪松、圆柏、塔柏、罗汉松、苏铁、杜英、荷花玉兰、桂花、银杏、池杉、落羽杉、香樟、垂柳、枫杨、栾树、榆树、木兰、枇杷、日本晚樱、红叶李、碧桃、鸡爪槭、悬铃木、合欢、龙爪槐等。磁湖绿道现状乔木有香樟、栾树、桂花、樱花、榆树、鸡爪槭、合欢、玉兰、乌桕,现状乔木生长情况良好,磁湖北岸的团城山公园植被葱郁,以森林为背景,山上乔木郁郁葱葱,湖滨广场以桂花为现有乔木,景点皇姑岭以百年大型香樟为现有主要植物,磁湖南岸以密林为主,林冠线与天际线交相呼应。

（2）灌木类植物,灌木类植物为中下层植被,形态丰富,具有较强的观赏力,配合乔木进行组景。木芙蓉、栀子花、杜鹃花、月季、荚蒾、桃金娘、珊瑚树、火棘、紫薇、金边六月雪、大叶黄杨、雀舌黄杨、女贞、日本小檗、红花檵木、八角金盘、洒金桃叶珊瑚、海桐、石楠等,常被用来整型造景;常见的还有红瑞木、贴梗海棠、狭叶十大功劳、阔叶十大功劳、南天竺、山茶花、结香、紫荆、蜡梅、含笑。磁湖北岸现有的灌木主要有杜鹃、紫薇、月季、海桐、八角金盘、山茶、大叶黄杨、黄杨木、红花檵木等。

（3）草本类植物,一二年生花卉有金鸡菊、万寿菊、美女樱、一串红、紫苏、鸡冠花、石竹、八宝景天、甘蓝、三色堇、秋海棠、矮牵牛等;宿根花卉有吉祥草、沿阶草、韭兰、葱莲、玉簪、紫萼、酢浆草、八仙花、天竺葵、鸢尾、美人蕉、虞美人等。在磁湖绿道,栽有美人蕉、鸢尾,团城山公园沿湖绿地栽有美人蕉,公园大门口列植银杏下层栽植万寿菊。

（4）藤本类植物,利用攀援植物进行垂直绿化可以拓展绿化空间,增加城市绿量,提高城市的绿化质量。常见有葡萄、爬山虎、凌霄花、紫藤、络石、牵牛花等。团城山公园入口处的栅栏处有大片凌霄花,花色亮丽,可作为花架、墙面、坡面的绿化,起到点缀效果。

（5）水生类,水生植物以其洒脱的姿态、优美的线条、绚丽的色彩点缀着水面和堤岸,加强水体的美感。通过各种水生植物之间的相互配置,可以丰富景观效果,创造园林意境。常见挺水型植物有芦苇、莲花、香蒲、梭鱼草、再力花、旱伞竹等;浮叶与漂浮型植物有菱角、满江红、凤眼莲、紫萍、浮萍等。

三、区域文化分析

黄石市矿冶历史悠久,文化底蕴深厚。黄石是华夏青铜文化的发祥地之一,也是近代中国民族工业的摇篮,商周时期,祖先就在这里大兴炉冶,留下了闻名中外的铜绿山古矿冶遗址。1982 年 3 月 12 日,国务院公布铜绿山古铜矿遗址为全国重点文物保护单位（2001 年,该遗址被列入 20 世纪中国 100 项考古大发现）。2010 年 8 月 20—22 日黄石建市 60 周年之际,成功举办"中国·黄石首届国际矿冶文化旅游节"。

磁湖南部的西塞山又名鸡头山。虎视江北,扼守长江,地势险要,自古为军事要塞,是"惊天地、泣鬼神"的古战场。历史上有孙策攻黄祖、周瑜破曹操、刘裕攻桓元、曹王皋复淮西、陈玉成大战清军等著名战役。

磁湖的水域面积约为 10 平方千米,汇水面积为 62.8 平方千米,平均水深为 1.75 米。磁湖风景区青山环抱,湖岸线曲折,总长为 38.5 千米,整个景区秀丽清新。磁湖名称因苏轼曾说"其湖边之石皆类磁石",后各志书多引用此解释为准,如南宋王向之编《舆地纪胜》载"磁湖在大冶县,东坡谓湖边之石皆类磁石而名,产菖蒲,故后人名曰磁湖"。"磁湖"名称自宋朝起计算到中华人民共和国成立,使用了约 870 年。清朝起又称张家湖,到 1966 年止,使用了约 550 年。1955 年 1 月修筑陈家湾至华新水泥厂的内湖堤时起,南湖名称开始使用,到 1988 年 3 月市人民政府决定恢复为磁湖时止,南湖名称使用了 33 年。1988 年 3 月 30 日,黄石市人民政府根据国务院《地名管理条例》的规定,将张家湖、南湖统一恢复历史名称磁湖。

磁湖主要景点有睡美人、鲢鱼墩、澄月岛、团城山公园(逸趣园、映趣园、野趣园)、情人堤(磁湖天地)和秀美的杭州路等。磁湖景区内,山形峻峭,水域纵横,山环水抱,交相辉映,美不胜收。

四、生态及旅游资源

黄石市是依山、抱湖的山水城市格局,全市大小山峰共 400 多座,三大水系近 300 个湖。磁湖周边群山环绕,目前已经建成和正在建设的主要景观节点有:黄荆山森林公园、大众山森林公园、团城山公园、柯尔山 – 白马山公园、湿地公园。主要山体分布在磁湖湖中,磁湖以北、以西和以南。处于磁湖湖中的团城山景区以水上娱乐、休闲活动为主,团城山公园、澄月岛都地处该区域。磁湖西南为黄荆山景区,该景区自然风光优美,生态维护较好,植物生长茂盛,集旅游观光、道教文化、户外运动为一体的景区。磁湖以北区域为大众山景区,以观光休闲、科技教育、生态观赏为主。磁湖以南区域为西塞山景区。

五、已有设计成果

磁湖现有的设计成果及文化景点分布在磁湖北岸、磁湖东北岸及磁湖南岸,景点主要集中在磁湖北岸,磁湖东北岸(图 6-1)。

图 6-1　环磁湖绿道系统(图片来源:作者自绘)

磁湖北岸沿线有绿带,也是磁湖绿道中现有景观体系最完整的一根主线,东起湖滨大道、西至湖北理工学院,北面为磁湖路,南至团城山公园,其功能主要满足市民游玩,沿途穿插生态公园、沿湖带状绿地、湿地景观、特色文化景点、特色山地景观等,主要景点有:霞湾榴红、楠竹茶语、磁湖野渡、皇姑览胜。磁湖北岸分为两条主线,一条是团城山段,从团城山公园到湖北理工学院;另一条是磁湖段,从桂林路到桂花湾广场。团城山段自然环境优美,地形起伏,主要景观节点为团城山公园、海关驿站及皇姑览胜,其中团城山公园为该路段最大的景区,现状植被丰富,高大型乔木居多,以团城山为背景,面朝磁湖,山水相依,皇姑岭为西侧起伏地形,绿道呈环线连接多个景点,现状较为成熟。磁湖段以带状绿地、湿地景观、大片水杉林、特色景观构筑物为特色,景观宜人,为市民提供了较为静谧的休憩空间,现有景观格局已经形成,主要景点有磁湖野渡、楠竹茶语、矿文化展示带、霞湾榴红及桂花湾广场,景观效果较好,民众认可度较高。磁湖野渡为湿地景观区,现状建筑为浅草堂。楠竹茶语景观格局已经形成,主体为仿古建筑结合青砖,后期可改为驿站建筑。矿文化展示带现状为水上栈道和水上建筑,缺乏绿地空间。霞湾榴红区是以展示市花石榴花为主的专类园,现状植物生长良好。江南旧雨为古建小院,现状植物生长茂密,整体情况良好。桂花湾广场以桂花为主要特色,现状植物生长良好。

磁湖东北岸的功能定位为都市休闲文化区,最主要的景观节点为湖滨广场和磁湖天地,湖滨广场为现有圆形亲水广场,周围配有停车场等公共设施。该区域对接城区人流,未来可作为绿道门户。磁湖天地以磁湖夜景为特色,是观光旅游、休闲娱乐、文化体验为一体的磁湖地标性中心。

磁湖南岸相对开发景点较少,景观路与沿湖带之间分布生态住宅,住宅通过景观带连成纽带。该区域多为住宅区,北面是团城山公园,以南是黄荆山,以东是儿童公园,以西是熊家咀,沿线有多个单位,磁湖南岸要解决的主要问题是交通的分段与对接。

第三节 绿道选线

选线是绿道规划设计中的一个重点,城市绿道的选线应尽量靠近水边、山边和林边,避开城市交通集散地、通勤路段和快速路,保持原场地的生态,不砍树和破坏生态。影响绿道选线要素主要有周围居民设施,包括生活设施、交通设施、旅游景观,历史文化节点等区域,绿道在选线主要集中在道路或者水体两侧,道路越宽的区域越容易打造景观,线路连通的节点数量越多,线路的连通性就越好,越适合去建设绿道。具体选线的因素取决于道路两侧绿带的宽度,水域两侧绿带的宽度,交通枢纽的数量,居住设施用地面积,历史文化景点数量及旅游景点的数量。

一、绿道选线的目标

(1)黄石环磁湖绿道的现状道路已有基础,但是部分路段未连成体系,连通性欠佳,环湖可利用的空间不足,部分现状道路路宽3米,不能达到绿道建设标准,须解决交通停车及换乘问题,磁湖北岸、磁湖南岸和团城山西段的停车位数量不能满足高峰时段的需求。

(2)通过绿道的规划能起到提升区内绿化环境品质、串联绿化与人文景区、为居民提供更多的运动健身与休闲游憩的绿化空间。

(3)居民对现状绿道中磁湖北岸的湿地环境和团城山公园的认可度较高,绿化景观环境品质的要求不仅体现在公园、绿化景观节点空间,作为连接景观节点的绿色通道也需要提高景观环境品质。

(4)磁湖区域面积大,旅游景点的可达性及其相互之间的连通性成为亟待解决的问题,完善现有绿道网络体系,提高绿道的连通性,起到提高绿地系统各要素、旅游景点可达性的重要作用。通过优化步行道路,建立环湖自行车道路、滨湖健身步道、绿道可以到达各类人流集聚区域,为居民提供运动健身的场地。

二、绿道选线的优化

绿道规划中要考虑绿道与周围城市道路和交通站点的无缝对接,将绿道规划为休闲游憩步道、滨湖健身步道和环湖自行车步道三种类型。滨湖健身步道沿磁湖北岸形成环状路线,沿城山道形成布置休闲游憩步道,依托现有的团城山公园步道,在磁湖北岸和西岸形成休闲游憩步道。环湖自行车步道沿磁湖南岸形成环状路线。磁湖南部视野开阔,部分路段未开发,绿道建设可按绿道建设标准进行重新设计。

环磁湖绿道现有的三条主道路为环状路线,依次为北岸的磁湖北道、南岸的磁湖南道,西岸的城山道。规划的路线尽量为环线,在功能的定位上,景点在磁湖北岸最为集中,磁湖北岸以山水文化为背景,湿地环境较好,磁湖北道团山段到杭州东路段,主要是对现有绿道局部进行拓宽,通过架起等形式,将自行车道与步行道路分开。磁湖南岸由湿地段到儿童公园段,该路段周边分布住宅和小学,部分路段拥堵,交通存在混行,机动车限行。该路段有大面积尚未开发的区域,可按照相关标准建设湖滨绿道。部分路段如澄月段现状只有人行道,将人行道改为自行车道,在水中新增架起步道。西岸的城山道,发挥山体景观优势,依山修建4米宽的自行车道和1.5米宽的人行道,并建设空中连廊。

第四节 景观优化设计

一、总体布局的优化

环磁湖绿道总体规划3 400公顷,在规划设计上要发挥出山地城市的自然优势,突显矿山文化的城市文脉,以磁湖为绿心,以黄荆山、大众山为背景,以公园景区为骨架,滨水绿道总体规划包括滨水绿道、门户景观和景观节点,而非仅步行道和自行车道,还包括门户和景观节点,以满足观光、休憩、停留、交通等功能。在整个绿道的规划设计上实行分段设计,在规划范围内现有的路段大都具有一定的基础,需要综合考虑其功能定位及主题。

二、慢行系统优化

慢行系统现状:环磁湖绿道现有的道路由沿湖步道构成,带状道路与横向连接道路骨干路网。主路面采用沥青透水材料,滨水步道采用透水砖,水中栈道材质为防腐木,打造细腻的道路肌理。慢行系统连接城市生活区、风景区和商务区。慢行系统主要为步行和骑行功能,以绿化植物造景为主,游客活动以观光休闲为主。现状问题主要有:

(1)沿湖空间局促,可以扩展的空间不多。

(2)绿道慢行系统不完善,部分路段的宽度未达到绿道建设标准,道路规划缺乏流畅性。并无明显自行车道和人行道的分界线,区别绿道地面标线不完善,部分地面标识模糊。

(3)慢行空间功能单一,部分路段只有单一的步行道,缺乏自行车道。

1. 慢行空间的连接

绿道的连接性是指绿道与绿地以及周围场地景观资源的有机结合。绿道通过选线将周边的城市公园、广场及其他旅游文化资源连接起来并确立主题与特色。城市的扩张与建设,打破原有的自然生态格局,绿道将破碎的城市绿地有机连接起来,满足景观与生态的双重功能,突出文化特色。绿道连接各景观资源的同时,主题文化性的体现可提升场地的活力与个性。场地与景观资源的结合使得绿道慢行空间景观更好地与周围景观产生联系。黄石环磁湖绿道以磁湖为中心,串联团城山公园及历史文化景点,在选线上充分考虑景区范围内的各类绿地与景点,如城山道借青龙山和柯尔山景区,发挥山体景区的地形特点,打造特色绿道空间。

绿道的连通性是指绿道内部空间之间的连续与通畅,连接性保证绿道串联各类绿地与景观资源,绿道游览路径的连通性是绿道规划是否合理的一个关键因素。绿道的合理选线为景观的衔接与生态的连接提供了一个通道,在磁湖路线选线过程中,强化环湖空间的利用,以绿网串联文化景点,规划的三条线路连成环线,途经湖北理工学院、儿童公园、人民广场、黄石托尼洛·兰博基尼酒店等重要的建筑及城市公共服务设施。

2. 慢行空间的组织

绿道慢行空间的组织主要是从绿道内部进行空间组织与布局。绿道内部空间的布局决定绿道慢行空间的延伸性以及景观体验。通过空间序列的规划,使用者将在空间序列的节奏变化中感受慢行空间。磁湖绿道在整体布局上是依山傍水的生态格局,在道路的空间组织上发挥滨湖生态优势,根据现有的绿道基础,在慢行空间的组织上要考虑滨湖绿道的游览体验,从而加深绿道使用者对景观的体验与获得感。在绿道空间组织上突出游览路径的起承转合序列,借鉴中国传统园林"移步换景""先抑后扬"等园林布局手法,让线性游览空间更加富于变化。营造慢行空间游览的趣味性,使游览者切身感受到步行或骑行的独特景观,丰富步行道路的形式,除了沿绿地、林地还可增加水上栈道,近距离欣赏水景,感受湖光山色的开阔景象。道路分段中形成多个主题性景区,湿地景区、矿文化展示带、历史文化景区。磁湖北岸慢行空间呈环线布置,团城山公园,作为区域内较为重要的门户景观,是磁湖北岸的核心区域与景观中心,由杭州东路进入团城公园时豁然开朗,绿道慢行空间通过游览道路穿插连接,再加上团城山公园的地形高低变化,形成山地、林地、湖滨相间的慢行空间。与桂林路段相接,连接至磁湖路段,沿线穿插江南旧雨、皇姑览胜等多个景点,磁湖路段以湿地环境加人文节点为主,地形较为平坦,以大片水杉林、水生植物群为主,以南的团城山公园林木葱郁,以北的湿地环境人文生态,两者隔湖相望,交相呼应。

3. 慢行空间植物围合

绿道带状慢行空间为游客提供步行和骑行环境,植物在慢行空间中扮演重要角色,植物对空间的塑造来自其形态及色彩,植物的形状、质感与色彩形成边界,改变空间的层次与质感。

磁湖绿道植被优化上可以采取分段打造。打造临湖区域,去除杂草,透出湖景之美,在沿湖区域的林下空间成片栽植开花地被,如二月兰、金鸡菊、野菊花。在水岸沿线增加水生草、花、地被,如千屈菜、菖蒲。绿道沿线常绿树作为基调树,如香樟、悬铃木;景观效果较好的绿荫树,如栾树、枫杨、垂柳,硬质的树阵广场以观赏性强的大乔木为主,如香樟、银杏、玉兰;临湖主干树以垂柳、枫杨、水杉为主。生态浮岛以千屈菜、水杉进行组合搭配。优化已有道路的植物景观特色,根据地形变化塑造植物景观。新增地段的植物造景塑造出层次感。特别是门户景观的植物造景要突出其特点,团城山公园植被现状良好,林木葱郁,保留现有的大乔木,以乔木为背景,沿湖观光带增加花镜,团城山生态园增加开花类小乔木,樱花林成片栽植,滨湖区域透出湖景。磁湖路段现有湿地环境良好,增加水生植物和开花地被,桂林路段保留现有大乔木,增加水生植物及开花地被,杭州东路保留大乔木,增加观花灌木。

4. 绿道慢行游览路径

绿道慢行游览路径主要由道路形态、材质及沿路景观构成,为观赏者提供舒适的慢行空间。步行道路植物围合、铺装材质,以及游憩空间的景观品质都会影响体验感受。在游览路线的规划上可以借鉴中国传统园林"曲径通幽"的手法,路线尽量呈曲线形。自行车道考虑到安全因素,增大道路转弯半径,在转弯区交通复杂的地段设置警示牌,加强绿道的指引。在绿道出入口、重要节点设置清晰的地面标识,将步行流线和自行车流线有机分离。在靠近水上木栈道、滨湖步道、亲水平台等区域设置安全防护栏。根据道路的功能进行材质的选择,自行车道可以选择透水混凝土,具有较高的承载性能,具有良好的防滑性和透水性,耐久性好。步行道路可以采取彩色透水混凝土、散铺砾石、透水砖等材质,防滑性和透水性较好。木栈道可以采取防腐木,木纹效果好,可以抵御雨水侵蚀,渗透性能好。环磁湖绿道现有的部分路段中缺乏骑行道路,可以通过增加水上栈道,拓宽现有的步行道路改为骑行道路,建立起更为立体、功能更加齐全的慢行空间。慢行道路采用自行车与步行道结合的方式,依据地形而建,慢行道路可以细化为滨湖游步道、沿湖健身步道以及环湖自行车道。

第五节 服务设施优化

环磁湖绿道现有的服务设施包括各类驿站建筑、游憩标识系统、游憩休息设施、卫生设施(表6-2)。现有的驿站建筑主要分布于磁湖路段、磁湖北岸在团城山公园、桂林路的现有管理用房。桂林路沿线具有风格统一的指示牌,绿道沿线有木质座椅。桂林北路绿道沿线具有秋千等游乐设施,磁湖路段亲水品台上有多个水上建筑。磁湖北岸沿湖路段的地面材质主要是青石板铺地,沿水铺设木栈道。磁湖路段部分沿湖区域未设置护栏。

表6-2 磁湖绿道主要路段服务设施现状

绿道	布局形式	服务设施的类型
团城山段	道路两侧,结合小型场地布置	木制座椅、弧形木质廊架、树池、户外遮阳伞、户外桌凳、垃圾箱
桂林北路	道路两侧,结合小型场地布置	木制座椅、指示牌、秋千、垃圾箱
磁湖路段	道路两侧,结合小型场地布置	滨水凉亭、树池座椅、指示牌、地面标识、垃圾箱

一、驿站建筑

绿道的场地主要由休息设施以及驿站组成,是游览者休憩使用的停留空间,也是慢行空间的重要组成部分。绿道场地在有限的空间尺度内设计需要突出景观特色的营造,在设施与建筑的设计风格上保持一致并与环境相协调。从使用者的需求出发,利用构筑物以及植物景观划分出不同的空间,营造富有特色的绿道停留空间。绿道驿站的主要功能是休憩、游玩、餐饮及换乘,绿道驿站选址考虑周边是否具有自然景观资源及方便出行的交通设施。换乘驿站的选址应尽量接近公共交通,提高绿色出行率。绿道驿站的合理布局关乎绿道系统的运营,绿道驿站以服务为基本属性,绿道驿站的布局从选址、布局、功能需要从游客的使用需求出发,考虑将停车、自行车租赁点、综合管理、商业需求融入其中。根据其功能包含一级驿站、二级驿站、三级驿站。将步行、车行、换乘功能有机结合,通勤换乘是绿道驿站服务中较为重要的一部分,因此驿站选址要考虑游客步行路程、骑行路程。通过绿道的人流量控制驿站规模,从不同群体的使用需求出发,绿道中人群活动可分为通勤、休闲健身、观光游览,人们会根据其使用目的不同展开相应通行流线与换乘的规划。交通换乘的区域一般人流量大,可设置一级驿站,辅助交通接驳,便于集散。绿道景观节点之间选用二级驿站串联,三级驿站如售卖亭可采取散点布置,因此,驿站的布局密度和驿站服务功能应根据游客通行量以及不同类型使用群体对服务存在需求差异来设置。

驿站的体量要根据游客人流量和使用需求设置,驿站规划布局上应综合考虑景观、商业等因素。绿道驿站规划按照绿道规划设计导则,一级驿站主要是供交通接驳,体量较大;二级驿站依托沿线景点进行设置;三级驿站可在绿道沿线灵活布置。在都市型驿站规划中一级驿站的间距为 5~8 千米,二级驿站间距为 3~5 千米,三级驿站间距为 1~2 千米。郊野型驿站中,一级驿站间距为 15~20 千米,二级驿站间为 5~10 千米,三级驿站间距为 3~5 千米。驿站规划中要尽量保留区域原生态环境,减少对自然环境的破坏与干扰,维护区域生态价值,不破坏驿站周围的生态环境,驿站建筑外观应选用地域性风格特点的建筑形态,可运用玻璃落地窗等手法,提高空间的通透性。

磁湖绿道团城山路段在团城山公园里没有综合性驿站,公园内部在 1 千米之内有公共厕所。公园内林木葱郁,如果新建一级、二级驿站可能存在伐木的情况,破坏生态环境,所以一级驿站在设置的同时也要考虑其所处的环境。团城山公园内在不影响环境的前提下可以设置服务点,在团城山大门设置一级驿站,在海关、黄荆山入口设置二级驿站,在团城山公园设置休息亭。绿道驿站在规划建设时,同一范围内的绿道驿站在外观、材质上应当保障其整体的一致性,并能加深绿道整体给使用者营造的意境。与此同时,每个单独的驿站在设计时也应当兼顾其周边环境。驿站内部的装饰小品、外部的植物景观,都尽可能融入周边自然要素,植物种类也选择周边的乡土树种,使绿道驿站能够与周围自然景观融为一体,回归自然而彰显特色。根据磁湖绿道现有情况,驿站规划提出以下分类指引(表 6-3)。

表 6-3　磁湖主要路段驿站规划意向

类型	城市型驿站		郊野型驿站	
	一级驿站	二级驿站	环山型	滨水型
风格特点	新中式建筑形式	钢木材质的建筑形式	体现生态,与周围的山地型融合	体现生态,体现滨水建筑的特点
建筑材质	青瓦、钢筋混凝土、玻璃	木材、铝合金、玻璃	利用地域性材料,以木材、石材、玻璃为主	利用地域性材料,以木材、石材、玻璃为主
建筑色彩	以灰白色系为主	以原木色系为主	以原木色、灰咖色为主色调,辅以绿植	以原木色、灰咖色为主色调,辅以绿植
设置要求	结合停车、管理、商业服务、科普教育,设置区域为团城山公园入口	结合管理、商业服务,设置区域为海关	结合停车、管理、商业服务,设置区域为黄荆山入口	结合停车、管理、商业服务,设置区域为湖滨广场
设计意向				

二、标识系统

标识系统也是服务设施的一部分,分为命名标识、导向标识、科普标识、警示标识,分别置于不同的绿道空间。导视系统的设计主要包括材质、形态及摆放的位置,导视系统主要包括方向指示牌、地面标识、警示牌、区域引导图等,主要通过符号元素传递信息,导视符号中的视觉引导不仅要满足本地游客的需求,还要满足外地甚至外国游客的需求。针对不同的绿道和不同的公共空间如道路、公园广场、停车场时,导视系统的设计需要根据不同的场地进行设计,对人流量、交通流线等多方面的因素加以考虑,并加以不同的特色主题、文化底蕴等,这样才能引导人们去不同的公共场所进行各种文化交流、娱乐活动等。

在环磁湖绿道中,进行视觉导视系统的设计分析时,需要从色彩、材质上进行具体研究,在对空间环境进行实地调研后,结合游客的旅游路线进行规划设计。在进行视觉导视系统设计的时候,要对文化、历史进行挖掘,并进行延展性设计,使导视系统能在绿道公共设施中成为点睛之笔,为旅游发展起到积极的引导作用。

导视系统的位置首先要选择方便出行,易于观察到的区域,在慢行道的出入口、驿站出入口、紧临各类道路、广场公园处及绿道附近公交站点,绿道应结合当地的人文及自然文化景观,融合不同的资源特色,挖掘黄石磁湖地区的文化内涵。设计的重点在于借用某些具有表征意义的视觉符号来表达某种情感;或是对传统元素进行创新,在进行现代设计中植入传统的文化符号,创造出新颖的视觉表达形式。绿道公共信息指引牌的主要内容包含线路名称、附近公共服务设施、景观中英文名称及到达所需要的里程数等。公共信息指示牌的整体内容要求清晰、信息准确全面,便于识别。可以按照场地属性将导视系统分为一级导引、二级导引、三级导引和多级导引。一级导引位于绿道入口处,应包括绿道总平面图。二级导引放置于景点入口处,指引前方景点。三级导引置于绿道沿线,为单向指引。多级导引置于多向交叉路口,指引多处方向。指示牌的材质可以选择木材、不锈钢等。不同的路段造型上可以有所区别,如团城山段动植物种类丰富,导视系统可突出生态性,指示牌可以以花鸟造型为主;磁湖南段为现代都市风貌,导视系统以简洁的现代风格为主。健身跑道和自行车道应设有相应的地面图标。

按照指引内容的不同,可分为以下几种。

1. 绿道出入口导向牌

出入口导向牌主体内容包括绿道总平面图、线路名称、导视牌编号、出入口名称、绿道方向等。标识符号能清晰地反映出绿道的起始。一般设置在绿道主线路的出入口端点,绿道线路连接线起始点。

2. 安全警示牌

主体内容包括绿道标志、线路名称、禁止图标、警告图标等。禁止图标包括禁止通行、禁止明火、禁止游泳、禁止垂钓等图标以及中英文。

3. 绿道方向指引牌

方向指引牌主体内容包括绿道标志、线路名称、导视牌编号、绿道线路方向、线路辅助信息等。通过标识符号能清晰反映出绿道内的行驶方向、道路状况。绿道线路为市政道路,绿道线路之间有交叉情况时,道路两侧均需要设置。

4. 景点说明牌

景点说明牌主体内容包括景点名称、图标以及说明文字等,以达到教育宣传与文化启示效用。整体内容要求图标生动,文字信息简洁、通俗易懂。设置位置一般在景点入口与绿道线路交汇处。在景点指示牌的设计中加入景点的特色元素,让指示牌更加生动富有趣味性。团城山公园景区的指示牌顶部采取鸟类造型,象征生态与自然共生,桂花湾广场以桂花的花瓣作为指示牌顶端造型,形象生动,景区指示牌上有地图及景点方位指示,采取原木材质,与自然环境更好地融合(图6-2)。

图 6-2　绿道指示牌(图片来源:作者自绘)

三、游憩设施设计

绿道两侧设置休闲驿站，便于游客逗留观景，可采取防腐木或石材材质，呈带状沿绿道分布，根据人流量适度增加布设密度，搭配自然花草融入自然景观，造型简约、醒目但不突兀。

卫生设施包括垃圾箱、饮水器、公共厕所及洗手器等设施。在服务设施的选址上靠近交通节点、人群集中区域，合理安排卫生设施，不仅能满足人们对整体环境视觉上美的需求，而且是人们在公共活动中身心健康的必要条件。以公共厕所为例，其设计应满足以下要求：公共厕所的外形尽量美观，可与驿站风格一致，使用木材、毛石等地域性材料，对于现有的公共厕所外立面可做提升。如团城山生态园西侧的公共厕所外墙颜色过于醒目，影响美观，可用藤蔓植物加以美化。垃圾桶多设于室外，受到日晒雨淋的侵扰，要做到防雨防晒，设排水孔，避免制造新的污染源，采用分类垃圾桶。

公共服务设施的设计以游客的生理、心理及行为特征进行考虑，另外还需要考虑特殊人群的无障碍设计。在坡道、台阶、扶手、栏杆、建筑物出入口等处应注重特殊人群使用的功能设计。通过无障碍设计可将环境的不利因素减到最小，即使对行动方便的人也更加舒适。

座椅也是游憩设施的一种，座椅的摆放位置和朝向不同，人们看到的景象就会不同。绿道中的景观座椅有多种形式，如台阶式，在临湖或有坡的地形设置可坐的台阶，台阶的线条和绿道线性空间不谋而合，周围布置绿化，起到美观效果。树池座椅在绿道中也经常出现，这种形式空间利用率高，在夏季大乔木的遮阳效果好，树池座椅受到大家的喜爱。树池内一般栽植时令花卉或者草坪，既美化了座椅四周环境也兼具实用性，是一种节约空间的座椅形式。座椅还可以和廊架相结合，在绿道上方设置廊架，结合藤蔓植物，夏季为游客提供遮阳空间，廊架以木材、石材、钢筋混凝土、钢结构为主要材质，既分割了景观空间，也起到联系空间、丰富空间的作用。廊架上的藤本植物，在夏季遮阴效果特别好，建筑体与景观植物完美地融为一体,成为绿道一道亮丽的风景。廊架设置在广场节点或绿道沿线,具有良好的遮阴效果。

第六节　绿道详细设计

一、分段景观提升

磁湖绿道处于山水环绕的景观格局之中,整个大的景观环境非常好,现有景观考虑了一定的植物造景、景观构筑物设计以及景观文化元素的应用。对于景观节点的亮点打造还可以继续深化。滨水绿道规划首先要考虑交通,骑行和人行最好分行,人行步道宽度不小于 1.5 米,自行车道宽度不小于 3 米。绿道保证线路畅通,避免机动车进入绿道。城市滨水绿道不能改变湖泊河流的自然形态,保护绿道内的自然地形地貌,尽量保护原有植物,可结合海绵城市的建设要求,提升绿道内涝调蓄功能。滨水绿道应突出水景,打开视线通廊,通过架起的形式,在水面新建水上栈道,能使视野更加开阔。

黄石环磁湖绿道总长 49.45 千米,磁湖绿道现有磁湖北岸、磁湖南岸、城山段,其中磁湖北岸绿道包含团城山路段、桂林北路段、磁湖路段、湖滨路段、情人路段、杭州东路段。团城山路段主要是保留已建成现有绿道,发挥山体景观的特色,增加樱花林面积,在山林间铺设栈道,设置休息观景平台与下山步道,增设骑行高架,绕山体环行。团城山公园内部的生态广场为该路段的重要景观节点。该路段还应在植物造景上有所提升,可以在广场南面新建二级驿站,以满足商业、休憩、自行车租赁的需求。桂林北路段,保留现有大乔木,增加挺水植物,拓宽原有栈道,新建 4 米宽的自行车栈道,形成开阔的观湖栈道。在驳岸护坡硬质挡墙处增加藤蔓植物,保留现有大乔木,中层增加观花灌木,下层增加花卉组合。磁湖路段主要景点有桂花湾广场和矿文化发展示区。桂花湾广场通过采用水上栈道的方式满足步行、骑行等多种需求。矿文化展示区通过增加护栏,满足步行、骑行、驻足停留的需求。该路段以自然群落植物为主,在临水驳岸增加池杉,搭配千屈菜、鸢尾等植物,在临水绿地增加花境及地被植物。杭州东路段存在人行和自行车混行的情况,该路段中的两座桥上无自行车道,拓宽桥面左右两边,作为自行车道,增加宿根花卉,以芦苇、鸢尾、千屈菜为主,打开视线通廊,透出湖景。

磁湖南岸绿道,以现代风格为主,结合铁路文化元素,通过架起、拓宽等方式打造复合型生态湖滨绿道。湿地段地处湿地公园,现状自然条件较好,水生植被丰富,周边配套设施齐全。是环磁湖的一级绿道,以及环磁湖重要的景观节点和黄荆山登山步道的换乘点。都市段,黄石托洛·兰博基尼酒店段可以增加酒店一层功能,如亲水茶吧、户外婚礼,可在此设置换乘点,提供共享资源。磁湖小学段考虑到早晚高峰,采取机动车限行,增加人行步道。澄月小区段,保留澄月小区段的环湖路车行道的功能,行人走滨湖步道,实现行人、自行车分行。

城山段绿道为山体绿道,可沿着山体建立环山步道及自行车道,打造山体绿道和空中连廊的立体垂直绿道景观。

二、门户景观设计

门户景观作为绿道中兼具实用和美观的功能,是绿道对外展示的窗口,也是解决绿道周边交通、人流集散的重要空间,起到不可或缺的作用。门户景观包括驿站建筑、停车位、集散广场、绿地景观,其中驿站建筑一般为一级驿站,解决售卖、休憩、停车等功能。门户景观的规划首先考虑其功能性,如交通、集散等功能,有些门户景观还具有交通换乘的功能。其次考虑其美观性,如何因地制宜突出区域文化,同时与自然融合,总体而言门户景观是集功能与人文内涵的生态型复合空间。

黄石环磁湖绿道规划的门户景观,分别为团城山大门、湖滨广场、皇姑览胜、都市城市公园、柯尔山广场。团城山大门、皇姑览胜、湖滨广场位于磁湖北岸,主要是矿山文化的展示,都市城市公园位于磁湖南岸,以现代风格为主,柯尔山广场位于磁湖西岸,以柯尔山为背景,将城市驿站、城市街头休闲绿地,城市公共交通功能等综合因素在场地进行融合,形成新的城市公共空间。

三、景观节点设计

滨湖绿道景观节点设计一方面应结合滨湖驳岸，突出湖景，另一方面景观节点应结合场地特点，可增加二级及三级驿站，利用湖泊资源，打造驳岸景观、码头景观。周围有山体的区域可设计岩石花园，突出山景。植物造景也是一大亮点，保留当地大中型乔木，滨湖绿地中增加花境、花带，驳岸增加芦苇、菖蒲等水生植物，形成丰富的植物群落。黄石环磁湖绿道包括江南旧语、团城山生态园、海关驿站等景观节点。团城山生态园以樱花林为特色，形成大面积的林下绿地空间，黄荆山入口则是发挥山体景观的优势，突出"虎"字山崖，将原有采石场地改造成岩石花园，在空间及植物品种方面呼应主题。

第七节　黄石环磁湖绿道团城山段景观设计

本节研究课题以设计实践作为论证，以黄石环磁湖绿道团城山生态园段的设计展开论证，作者赴黄石环磁湖绿道进行走访并开展相关调研。磁湖北岸原有绿道已经有一定的基础，串联起多个景观"节点"。

一、项目现状

本设计为黄石磁湖北岸团城山路段的景观改造，目前已建成的绿道 2.9 千米，与杭州东路相连，形成该路段的环线。该路段北临磁湖，南面靠山，地形北低南高，山上现状大片雪松，北面临湖区域大面积水杉林，中部为中心景观区，现存圆形广场及弧形花架，圆形广场上孤植一颗大型香樟，广场北面为行列栽植的樱花林，广场周围以绿地为主（图 6-3）。该路段所在区域具有丰富的生态与自然景观，植被类型和植被物种丰富，区域内涵盖岸线丰富的滨水湿地，使得该区域具有得天独厚的生态资源优势。区域内植被主要为常绿阔叶林、针叶阔叶混交林、落叶阔叶灌木丛，乔木主要有雪松、香樟、水杉，小乔木有樱花、紫薇、石榴，草本植物有苔草，主要特色植被为花石榴、月季（图 6-3）。

图6-3　团城山生态园现状图（图片来源：作者自摄）

在调研中，作者发现以下几个问题。

1. 景区内植被结构单一

植被结构多为乔木-草、灌木-草，未形成乔-灌-草结合的群落形式，湖岸部分植被种植较为凌乱，未透出湖景，下层植被缺乏，绿道路段未进行分段设计，缺乏相应的特色。建议对路段进行分段设计，针对磁湖北岸可设置特色路段以景观节点进行串联，每一条绿道在植物上进行特色配置。

2. 交通体系单一

绿道的交通体系可分为自行车道、步行道路、游观光车通行道路，建议实现道路分级，充分利用亲水区域，可沿水面架起栈桥，供步行观光，形成立体式竖向的交通体系。

3. 缺乏相应的特色景观构筑物

黄石是老工业城市，以矿山文化为其特点，在景观构筑物的设计上要体现出老工业城市的特点，挖掘特色的景观元素，在沿途的绿地中增加特色景观小品及公共艺术，突出绿道的特点，创造本土化及地域化的景观营造。

二、总体改造规划

在景观规划上创造"曲岸起伏、杉林浮现"的景观效果,形成"一轴""三带"的规划布局。在改造设计上保留原有湖岸的曲线形态,保留临水岸的水杉林,新增水上栈道485米,亲水自行车道路463米,在原有的路段的基础上增加功能性的场地,沿水栈道、游船码头、弧形亲水台阶、亲水广场,通过绿道将以上功能性场地连接起来。湖岸适当透出湖景,形成从团城山生态园延伸至湖面的"一轴"景观带,营造具有地域文化特点的山水生态格局景观。将原有的团城山生态园北面的樱花林移栽至广场两侧,打开该区域,与湖岸绿地形成对接,形成视觉通廊,湖岸绿道新增骑行道路和临水栈道,与原主道路连接,形成环形主道路、曲线形慢行道路和临水步道的"三带"格局。

"一轴"景观带从团城生态园开始,与临水绿道南面的亲水广场相接,通过缓坡阶梯延伸至临湖亲水平台,在地形上具有竖向高差,"三带"的三条道路主要供骑行及步行,同时也是三条特色道路。第一条骑行道路也是该区域的主道路,主题为"浪漫樱林,鸟语花香",两侧栽植樱花及特色花草;第二条慢行步行道路主题为"花团簇拥、林木葱郁",两侧以特色乔木结合花草;第三条道路为临湖栈道及水中栈桥,同时也是特色临水道路,可以将磁湖北岸尽收眼底,感受绿道四周山水格局,主题为"临水绿廊,山水相间",主要以水生植被为主。团城山公园为磁湖北岸的重点节点,所以本设计改造的重点是丰富和提升该景观节点的交通体系、功能布局及景观细节,提升部分区域的植被覆盖量,将现状水杉林进行保留,骑行及步行道路两侧增加特色花卉,水中增加生态浮岛,为鸟类提供栖息空间(图6-4、图6-5)。

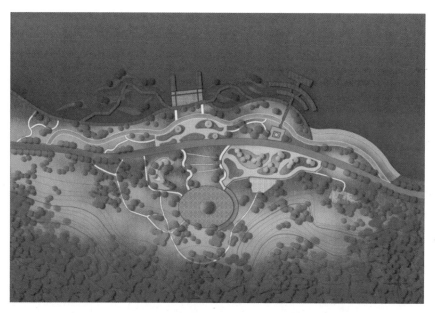

图 6-4　团城山生态园景观平面图（图片来源：作者自绘）

图 6-5　团城山生态园景观鸟瞰图（图片来源：作者自绘）

三、功能及交通组织

在绿道交通的改造上,实现绿色交通和绿道的交融设计,从慢行交通和综合交通两个方面进行考虑,注重绿道的生态体验功能。绿道建设应尊重城市原有河流水系、山地资源等自然格局,提供大众接近自然的通道,满足大众的生态体验。

在绿道交通组织上优化线路布局,拓宽沿湖道路,人行步道及绿化自然坡岸,改善游憩空间,在对原有路段改造中,增加临湖游憩型自行车道,打通湖滨岸线,使游客拥有亲近湖景的场所。将步行道路引入到湖边,增加宽1.5米的临湖栈道,实现自行车道与步行道路的分流,在通过绿化带进行分隔,加强自行车道和步行道的整合与叠加,让游憩道路形式多样化,将游憩道路引入湖边,使绿道交通形式实现竖向上的高差变化,丰富游客的游憩体验。

团城山公园临磁湖而建,公园内有一定的基础路段,目前现有一条宽的主道路,供游览观光车及步行、骑行,改造设计中保留主道路,将其主要功能定义为游览车道路,骑行道路引入绿地中,高于绿道自行车道设计标准,宽度为4米,材质为暗红色防滑铺地材料,并沿湖设置宽2米的慢行步道,新增延伸至水面的宽1.5米的防腐木材质的栈桥,游客可近距离观察水景(图6-6)。采取曲桥的形式,意在突出景观视觉上的"移步换景",栈桥两端与湖岸栈道连接,在栈桥中间新增亲水平台,增加游客亲水性体验,视线开阔,湖景尽收眼底,便于眺望远山。在湖岸的东北面新增景观码头,满足游船的停泊,也可作为亲水平台及垂钓使用。码头的形态为三层弧形,其中湖岸的两块弧形平台供垂钓及观光,第三块方形平台供游船停泊。湖岸的最东边设置亲水弧形台阶(图6-7)。

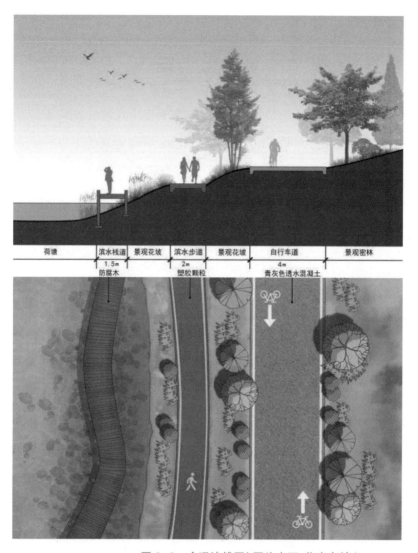

图 6-6　交通流线图（图片来源：作者自绘）

图 6-7　团城山生态园绿道平面及断面图(图片来源：作者自绘)

四、植被提升

在植被的提升上，实现生态优先，对植物群落中关键树种和乡土树种进行保护，结合自然景观和现状地形，注重乔、灌、草及水生植物的结合，形成立体式的滨水自然景观。植物提升上彰显特色及主题，完善现有的植被格局，突出黄石本地区的地方特色，植物在景区起到串联景点的作用。在本路段中，保留原有的水杉林，形成优美的水杉岸线，使水杉成为临湖区的主体植被，临湖区域的栈道以透景为出发点，采取行道树加地被的种植模式，局部结合带状花境，营造特色滨水景观特色，同时满足观湖和遮阴的效果(图 6-8)。

图 6-8　绿道植物效果图(图片来源:作者自绘)

该路段南面为山体,山上林木葱郁,现状大片雪松,在改造设计上尽量保留原有林木不被破坏。

中央景观区保留广场中心的孤植大乔木,将广场北面入口空间打开,两侧种植夹竹桃、银杏、樱花等观赏性性乔木,中间为开敞缓坡草坪,背景为大片雪松,形成特色主题乔木的疏林草地,栽植方式为孤植加丛植。现有的特色植被为花石榴、樱花、紫薇,均予以保留,由于中央景观区空间被打开,原有场地种植的樱花被移栽在场地两侧。临湖增加特色花卉,中央景观区采取观赏性树种结合地被植物。

团城山景区入口为樱花林,景区主道路采取列植的形式。保留香樟作为遮阴的行道树,同时它也是常绿树种,作为基调树。同时增加樱花,采用行道树结合观赏性树种,共同形成林荫路。丰富中下层植物,特别是花卉及水生植物,将地形处理为缓坡地形,缓坡下层增加马蔺、波斯菊等花卉,在植物设计上体现了色彩的多样性。

骑行道路两侧为种植水杉、香樟为主的疏林草地,或樱花加香樟行列栽植搭配地被;灌木以黄杨、洒金东瀛珊瑚、杜鹃为主,增加下层花卉,以马蔺、千屈菜、波斯菊为主,形成水杉基调树与特色花灌木。

临湖入口小广场以特色花坛结合座椅的形式,为游客提供一个休憩观景的开敞型入口环境(图6-9)。

图6-9 绿道临湖栈道效果图(图片来源:作者自绘)

沿亲水栈道种植鸢尾、再力花、蒲苇为主题的水生植物,水中栈桥两侧、亲水平台四周种植以芦苇为主题的植物,形成由高到低的植物群落,驳岸区域形成丰富的水生植物群落。

湖区架起的栈桥,有利于人们更加亲近湖景,栈道周围栽植水生植物,主要有芦苇、花菖蒲、荷花、水葱等挺水型植物。在湖中设生态浮岛,种植鸢尾加水杉,供生物栖息。生态浮岛是湿地水生动物的聚集地,可成为鱼类及两栖动物繁衍生息的场所,形成丰富的生态景观层次。岛屿的地形营造因地适宜,与岸线周围地形保持协调一致(图6-10)。完善植草沟排水及生态驳岸,将硬质的驳岸处理为绿植覆盖的曲线式驳岸,以自然的方式进行雨水管控(图6-11)。

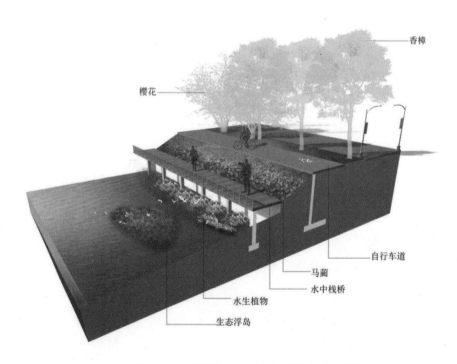

图6-10　绿道剖面图(图片来源:作者自绘)

图6-11　绿道曲岸线(图片来源:作者自绘)

五、特色景观构筑物设计

滨水型绿道景观构筑物设计以保护生态为原则,通过合理的景观构筑物的改造,降低、减少人工干预对绿道湿地生态系统的破坏,同时满足游客休闲、娱乐、观景的需求。

在改造设计中,新增水上观景栈桥,具有组织游览空间、分隔水面以及近距离观赏水景的功能,为游客提供极佳的观赏平台,起到在绿道景观中画龙点睛的作用。本设计采用的是曲折平桥,其形式自由多变,贴近水面而建,造型简洁大方,建造的区域为浅水区,水域跨度较小。桥的材质为环保型防腐木,桥的两端与水上栈道相连,使水上交通连为一体,桥的曲折起伏为游客提供了多角度的观赏视觉体验,同时将远山及湖景尽收眼底,使绿道四周的山水格局映入眼帘。木桥的形式简洁,给人以一种自然朴实、亲和疏朗的氛围,桥底由石墩支撑,占用水面面积小,不影响鱼类及其他动物的栖息。桥的两侧种植芦苇、花菖蒲等水生植物,让曲桥与周围植物融为一体。

滨水绿道也是鸟类的聚居地,观鸟设施的设计位于核心保护区以外,位置一般位于背阴的疏林及滨水边缘,避免对鸟类活动的干扰,人可以隐匿在观鸟设施中观察。观鸟建筑的体量不宜过大或者过高,以免影响鸟类的正常活动。在本设计中采取观鸟屋的形式,建造在草地上,面向湖景。采用环保的木材与钢材,外部为木质坡顶,内部为钢构桁架,采取封闭式,外立面采取局部镂空形式,便于在屋内观鸟,对鸟类活动不产生干扰。由一大一小两个观鸟屋构成一组,大的观鸟屋由台阶上去,高度为 4.8 米,长度为 10 米,小的观鸟屋高度为 3.2 米,宽度为 2.9 米。在观鸟屋的前面设置一排座椅,两个观鸟屋之间设置挡墙,用来阻挡冬季风的侵袭,观鸟屋的木质外观与周围的环境融为一体(图 6-12)。

图 6-12   绿道观鸟屋效果图(图片来源:作者自绘)

新增木质栖台,布置于浅水区域,由人工搭建的木平台构成。在木质栖台外种植芦苇、菖蒲等水生植物,吸引鸟类停留。在绿道沿线增设亭子,亭子使用防腐木材,底部架空处理,不对动物的栖息廊道造成干扰。木质凉亭材质朴实,与周围的环境能较好地进行融合。

在团城山生态园绿道景观中,挖掘黄石特色的景观元素,在绿道沿线设计特色公共艺术小品。在临湖绿道的入口处设计特色景观花柱,由金属材质构成,在设计上采用仿生形态,柱身镂空,透过阳光产生独特的光影效果,柱上可增加攀援植物,花柱整体造型为曲线,顶视宛如一朵盛开的花卉,除了具有形态美感以外,也具有遮阳的作用。道路两旁设计花坛、雕塑小品。绿道沿线的公共艺术小品材质可采取废旧材料,如锈钢板、钢构等工业化元素,制作特色景墙及景观小品,呼应老牌工业城市的特点。

第七章 湖北地区城市滨水绿道景观设计策略

第一节 复合功能景观营造策略

滨水绿道景观设计的落脚点在于以人为本,从人们实际休憩亲水需求以及城市特有的文化特点要素上进行考虑与设计,充分依托现有的地形、水体及植被等自然要素,利用地形的高低错落,完善绿道湿地景观,并对植物进行整体提升,使线性的绿色走廊满足更多的功能需求。湖北地区山地城市众多,如黄石、十堰、恩施、宜昌、随州等,在山地城市建设绿道要发挥出山水资源,尊重山体地形,利用山体可设计岩石园、将绿道架起,从竖向上感受山体地貌及植被。绿道除了供慢行交通以外还要满足游客驻足停留、休憩等的需求,在线性的景观空间中适当增加功能性的场地。

第二节 慢行交通设计策略

城市绿道的慢行交通主要包括步行道、自行车道以及综合慢行道等。设计过程中,最重要的地段就是与机动车道交汇的地段,如果设计不当,将会带来很多交通问题,所以,要格外注意,务必做到科学、合理。人行道与自行车道毗邻,能够有效解决绿道土地资源的局限性。在绿道够宽的情况下,可以设计出几米宽的绿化隔离带,达到两者隔离的效果。当城市绿道途经高差台地或者绿化缓冲区过宽时,可以对人行道和自行车道进行分离设计。在具有高差的地段,要充分利用原有地形,尽量降低对原生态环境的非必要破坏。

第三节　植物设计策略

绿道慢行空间景观是以植物造景为主的软性绿色生态景观,必须考虑城市公共绿色空间的舒适性和生态性。保护和利用现有的生态资源,保护山水格局、植被格局,尽量不破坏原始的地形地貌,保留良好的景观格局。滨水绿道的植被设计最好多选择本土植物,有利于养护和生长,构建完整的植被生态系统,增加物种多样性,丰富景观层次,尽量避免形成破碎的斑块。

营造优美的植物景观空间,宜以乔、灌、草相搭配的复层景观为主,形成包括色叶树种与观花、观果灌木的多样景观。同时,植物的色彩和季相特征也是慢行空间景观重要的观赏内容,植物景观与硬质景观最大的区别就在于其随时间的变化,草本、木本植物呈现出绽放、盛开、凋零的过程,从而形成了丰富多样的季相景观。绿道植物设计只有抓住了季相设计,才能形成好的植物景观。可以将不同时期的观花、观果及观叶的植物组合搭配,相互弥补,使全年有景可赏。在配置比例上,慢行空间的植物群落宜以常绿、落叶阔叶混交林为主,春季吐露嫩芽,繁花似锦;夏季绿树成荫,绿意浓浓;秋季叶色斑斓,硕果累累;冬季枝丫横斜,凋零凄美。

植物配置突出景区的地形地貌,构建山体植被绿化廊道,在强化点景树和主干树的同时,增加下层观赏植物,突出滨水景观特点。可以在水中增加生态浮岛,生态浮岛的形态设计应与周围环境融为一体,对于靠近岸边容易受到人类活动干扰的区域,可把浮岛设置得距离岸边稍远一些,水岸线要适当加长,增加岛屿面积,形成浅滩空间,为鱼类及其他水生动物提供栖息环境。生态浮岛的植物是营造景观的重要因素,植物的选择要分析当地湿地的动植物物种,根据面积确定岛屿的植物及配置方式,形成丰富的植物群落,吸引不同类型的动物,使用乔木、灌木、水生植物进行多层次搭配,提升生态浮岛的环境与美感。

植物景观策略采取分段设计,绿道沿线去除杂乱生长的植物,透出水景,增加观花地被,保留并加强已有路段的植物景观。绿道每个路段分区域有针对性地种植特色植物,骑行及步行道路两侧种植遮阴及观赏大乔木,如栾树、合欢、枫杨、樟树等,种植野花;滨水区片植花海,增加挺水观赏花卉及挺水观赏草类;硬质护坡种植爬藤植物、蒲苇、紫松果菊、油菜花、二月兰;浅水区配置千屈菜、马蔺、香蒲等水生植物,形成从绿道到护坡驳岸一直延伸到水中的复合型生态驳岸,形成立体化的植物栽植。利用漫滩区营造湿地景观,以芦苇为主,种植水杉、池杉等耐水植物,形成一定的水上乔木群,对水体防风、候鸟迁徙、土壤稳固具有明显效果。增加特色植被景观的营造,增加林缘花境,以宿根花卉为主,四季花开不断。

例如,在湖北黄石环磁湖绿道规划设计中将绿道分为三大植被结构,将"观花地被""都市花田""层林尽染"分别作为磁湖北段、南段及城山段的植物特点。北段以视野通透,透出湖景,营造简洁大气的植被视觉效果,南段以观花、观果植物为特色营造滨水景观走廊,城山段由于是山地形,保留自然植被资源,以秋景树为主,丰富山林季相变化。

第四节 景观节点设计策略

城市滨水型绿道可采取立体景观的设计,绿道形式不受限制,应尝试局部利用绿道的空间设计立体的景观架、景观柱、景观小品以及景观灯等,使这些元素与城市景观相互协调,提升人们对绿道的关注度,实现和城市多元化景观元素之间的匹配。对于绿道地面景观的设计,主要是通过优化地面铺装,展示肌理、材质、字母、图标或标识、拼图等,赋予地面更多变化。绿道景观界面的设计可以采取荆楚文化符号,如特色图案的拼花铺装、特色景墙,营造地域特色,使其变成使用者游憩观赏的一部分,丰富游憩体验,提高他们对绿道的接受度。同时把游憩型绿道设计成城市景观和旅游资源的一种结合,进一步提升游憩型绿道的价值。

节点景观设计主要包括绿道出入口、广场、休闲节点以及驿站等。绿道的出入口并不需要大气、恢宏,只要道路拓宽,能够起到标识的作用即可,也有将机动车阻挡在外的功能。绿道中的广场和普通城市广场一样,为城市居民提供休闲、娱乐功能,但是,绿道广场通常规模偏小,在广场上要提供遮阴,供游客驻足停留,可以增设特色景观亭、景观花架。在设计过程中,要根据游客的流量设定适当的出入口,同时,还要注意与绿道整体风格的协调、统一。其形式可以是错落有致的树荫广场,也可以是展现城市文化风情的特色绿道广场。如可以提取城市历史文化精髓或历史典故,或者提取城市的主题性文化要素,设计特色公共艺术、雕塑小品。在进行城市绿道休闲节点的设计过程中,要充分考虑人均流量、节点间的间距以及风向等方面。在节点间距离的设计上,要以绿道的全长以及其景点位置为重要的参考依据,通常间隔 500 米就要有一个可供人休息的地方。在设计中,要充分结合绿道整体风格以及本地文化特点。注重驿站的建设,在设计过程中,本着节约环保理念,减少不必要材料的使用量,降低成本,保护环境,如已有类似设施可尽量利用。在满足功能的同时,如果有必要,可以适当添加一定的观赏景观,但对生态环境的破坏一定要在自然环境可承受的范围内。

第五节 分段详细设计策略

绿道分段详细设计应充分尊重沿线自然环境,与周边的城市用地协调,分段详细设计包括门户景观设计、历史文化廊道布局、游径设计、游憩空间、绿化缓冲带的设计。绿道门户景观为绿道重点景观节点,是进入绿道分段的入口,在绿道分段中为重要的视觉中心。门户景观设计的策略应发挥主体建筑的特色、建筑外立面及形态突出地域性,植被种植形成外围路到绿道的渗透。游径道路,提高路段的可达性,辐射周边地块,绿道内设置游船码头、驿站,形成较为完整的配套设施,增加周边人群进入绿道的可能性。分段详细设计根据绿道沿线地形、公众需求及周边用地功能进行设计,重点考虑景观节点的空间构建、绿道线型及设施布局。分段设计上,要突出绿道的文化特征,发掘湖北地区的文化特征。

第六节 山林绿地策略

保持自然山体林地高绿化覆盖率,不破坏山体自然现状植被,通过净化土壤增加土壤活力,在山林间设置观景平台及下山步道。对于自然环境要给予充分的保护,驿站节点区域不要建设大体量的建筑,在山体上最好不做过多的人为改造,以保护山体生态格局及原始植被,以特色乔木结合开花芳香灌木为特色,丰富山林变化的环山步道。针对有民居建筑的区域,扩大对建筑的退让距离,减少绿道骑行或步行对居民生活的影响。

第七节 水体驳岸策略

保持水体的自然性和生态性,水体驳岸采取生态驳岸形式,生态驳岸可以充分保证河岸与河流水体之间的水分交换和调节,同时也具有一定的抗洪强度。尽量不采用规则形式、硬质河岸,水面采用自然形态,打破单一线性结构,利用点、线、面相结合的方式,形成自然、生态、多变的滨水、湿地景观如曲折溪流、河网、湖面等。选择地势低洼地湿地带,挖湖蓄水形成功能多样、规模不等的人工湖面。平时是人工湖面,洪水来时可以起到分流、蓄洪、降低洪峰流量的作用。生态河岸除具有护堤、防洪的基本功能外,对河流水文过程、生物过程还有促进功能。

水体驳岸形态以自然形态为主,使水体具有净化的功能,绿道沿线的生态驳岸一般为保护水域动植物,为鱼、虾等动物提供栖息、繁衍和避难的场所。驳岸形式采取斜坡式河岸,这种河岸相对于直立式河岸来说,容易使人接触到水面,浅水区安全性也更好。

生态驳岸设计考虑不同河段流速变化及洪水主流顶冲部位,并考虑与景观设计方案协调,在径流冲刷大的河道河岸可设置刚性堤岸,用挡土墙式河岸,将堤岸改造为退台式,台阶面可种植植物,也可作为休息或散步的场所,能在短期内发挥作用。根据湖区的景观及生态恢复建设要求设置柔性堤岸,其可分为两类:自然原型堤岸和自然改造型堤岸。自然原型堤岸是直接将适于滨河地带生长的植被种在堤岸上,利用植物的根系来固堤。这种河岸不需要过多的人工处理,面层种植或铺设细砂、卵石,形成草坡、沙滩或卵石滩。配合植物种植,达到稳定河岸的目的。如种植柳树、水杨、白杨、榛树以及芦苇、菖蒲等具有喜水特性的植物,由它们生长舒展的发达根系来稳固堤岸,加之其枝叶柔韧,顺应水流,增加抗洪、护堤的能力。自然改造型堤岸主要用植物切枝或植株,或将其与枯枝及其他材料相结合,来防止侵蚀、控制沉积,在植被形成之前,运用自然可降解的材料,来保护岸坡。当岸坡的坡度超过自然安息角或土质不稳定时,需要对河岸进行人工防冲蚀和加固处理,可运用稻草、黄麻、椰壳纤维等自然界原生物质制作垫子、纤维织物等,通过覆盖或层层堆叠等形式来阻止土壤的流失和边坡的侵蚀,并在岸坡上种植植被和树木。当这些原生纤维材料缓慢降解,并最终回归自然时,岸坡的植被则已形成发达的根系而保护河岸,同时也能为生物提供栖息地。

第八节　景观构筑物策略

适度设置景观构筑物的数量,合理选择构筑物的位置,维持绿道生态系统的完整性,景观构筑物在选址、设计、建设过程中要充分考虑动植物的生存空间,避免干扰动物正常的栖息环境和迁徙路径。在绿道的景观构筑物,使用自然材料如竹木、芦苇、藤条、石头、土坯等,也可利用回收材料如废砖、枕木、锈钢板,以达到独特的景观艺术效果。与人造材料相比,自然材料更易取材,更环保,更具有亲和力,同时更加贴近自然。这些材料可以用来营造驿站建筑、亭子、步道及景观桥等设施,承担一定的实用功能,发挥重要作用。

景观构筑物涉及能源需求时,可考虑新型环保技术,如太阳能,通过安装光伏系统将太阳能转换为电能,并供给构筑物用电设备,从页降低对传统能源的依赖与消耗。不同区域对构筑物在景观设计上的参与度有不同程度的要求,明确景观构筑物在此区域的功能性,是恰当处理绿道景观设计与景观构筑物之间关系的前提。

第九节　生态景观策略

构建植物群落多样化的绿道生态格局,为多种生物提供栖息环境。具体体现为向鱼类、鸟类、昆虫提供食物,营造曲线驳岸更好地涵养水土。人行、骑行路径及游憩设施远离敏感的生物栖息带,避免人对动植物的干扰,合理设置低洼绿地,用自然的方式净水。

完善绿道建设体系,规划时首先要考虑当地的地形地貌、道路布局、自然状况、人文风俗等因素,通过对这些情况的详细了解,将绿道与城市原有资源相结合,既节省建设成本,又可保护当地人文特色,在设计上符合当地人民的生活习惯,达到改善生活环境,提升城市水平的目的,有效实现其传承城市文化的功能。

整合破碎生境,现代城市化的大规模发展使得我国城市盲目扩张,这势必造成原有生态系统的破坏,而绿道的引入可以很好地解决此问题。一方面将城市生态体系中原有资源,如生物、河流水源、广场、公园、山林等通过绿道规划联系在一起,保证生态系统的完整性;另一方面在原有生态环境基础上扩大绿地面积,实现生物的多样性。

城市绿道中设计雨水花园,利用低洼绿地,对雨水进行收集、过滤、蓄水,将这一生态化措施与绿道相结合,将带状浅凹绿地作为骑行道和步行道的绿化分隔,对下渗的雨水进行过滤,并通过下置的管道对雨水进行收集,补给绿道沿线的景观节点。雨水花园中的植物为生物提供栖息环境,通过植物的合理配置对温度和湿度进行调节。由于绿道是带状连续的空间,如整体做雨水花园难度较大,可以采取局部及分段布置,使生态雨洪管理系统与人工雨水收集的方式相结合。

第八章 结 论

国内一线城市绿道建设起步早,日趋成熟,自 2010 年颁布实施的《珠江三角洲绿道网总体规划纲要》以来,绿道建设为城乡居民出行和休闲游憩提供了更多选择,在改善城市面貌,提高居民幸福感等方面发挥了重要作用,如北京、上海、广州这样的一线城市,居民对生态环境的要求较高,出现了很多优秀的绿道项目。二三线城市绿道建设相继展开,绿道对于改善城市环境,提高人居生活环境品质具有积极作用。绿道建设要结合当地自然和人文特点,运用可持续的规划理念,布置相应的基础设施,具体包括以下几点。

第一节 可持续性规划

绿道作为战略性可持续发展规划这一课题已经深受关注,重点在于网络系统的搭建。城市的绿色网络将成为城市可持续发展的重要因素,用以保护自然,提高城市内空气质量,改善城市居民在郊野的步行可达性和游憩使用性,保护郊野自然文化特色。作为生态环境廊道的带状绿地和自然保护区,必须具有一定的面积规模,达到一定的长度和宽度,才有可能具备相应的生态功能。

第二节 绿道植被营造

可以通过复杂的地形和植被群落的配置,结合乔灌木林缘带、草地生境,尽可能地满足物种的需求,通过营造生态廊道,让动物适应这些人工构造的模拟的自然环境。有些绿道上层植被种植情况良好，以大中乔木为主，但缺乏下层植被，如特色花灌木及花卉的栽植，有些绿道未分段进行构建，缺乏分段的特点。从整体的环境感觉和视觉冲击效果来看，绿道的中下层要营造空间、层次和色彩丰富的植物景观，提高观赏特性，为人们提供一个富有生命力、清新、宁静的自然环境。通常情况下，植物配置可以分为乔木、灌木、地被三层，人工植物景观设计很多为单一的草坪、灌木丛和纯林，应以具有乔木层、灌木层和地被层的多层次植物结构为主，增加植物多样性，多选择不同树形的乔木，确保统一性和连续性的同时，形成起伏变化、高低错落的植被天际线，具有良好的视觉效果。其中，上层多以树荫浓密的若干种高大乔木为主，将绿廊的整体连续性彰显出来的同时，也起到了错落有致的景观审美效果。在中下层为了更好地突出植物景观的观赏性，以及增添游人的游玩兴趣，会选取一些观花、观果的小型乔木和灌木。地被可增加花卉的栽植。这些不但能够实现与上层乔木进行层次区分的目的，还能使得空间色彩变得更加丰富，欣赏性更强。另外，每间隔一段距离，可以留出一个透景线，在观湖区域避免高大乔木，以免遮挡视线。为人们留出出入空间，还不会因过度封闭而使游人感到压抑。在绿廊中人们能够感受到的只有清新、宁静与自然的气息。

第三节　标识系统设计

绿道的标识同指示牌是必不可少的。在其内容设计上，既要有简洁、明了的文字，又要有生动、形象的标识图案。标识系统的设计可以采取现代材料和自然材料。现代材料如金属、树脂，自然材料包括竹子、木材、藤条等。生态型绿道标识系统常用木材、竹子这些自然材料，与周围环境能更好融合。

绿道的标识牌主要起到指示、引导、解说、命名以及警示等作用。其中，引导标识是为了更好地引导游客方便、快捷地找到想去的地方，多数尺寸较大，配有地图，设置在驿站、出入口或者交叉口等地段，有时也可采取 LED 动态显示屏及交互模式的触摸屏。解说标识则是借助各种文字以及图片，对某些景点进行解释说明。

指示标识则是用来告知某些地方的方向以及大致距离,通常用文字或图形结合箭头使用。命名标识则主要是为了给某些道路、景点或者建筑标示名称而设置的。警示标识顾名思义就是要起到警示的作用,游人可以了解该地段的风险信息和交通规定,其主要由安全警示标识以及各类禁止标识构成。

第四节 完善配套设施

绿道根据场地条件设置服务设施,明确服务半径,增加标识系统、信息系统、应急救援系统、照明系统,最终实现方便居民、游人的目的。因绿道交通以步行、自行车、游船、观光车等慢行方式为主,绿道设计时要合理设置交通设施,完善绿道功能,方便人们的日常生活。在临近水深的区域设置护栏,改变步道的路径减少对环境的干扰,解决生态与人车之间的冲突。城市绿道的服务设施由环境卫生设施、安全设施、商业服务设施、管理设施以及其他市政服务设施组成。景观设计要以人们的需求为基础,座椅、长廊、亭子、花架等休息设施可以供人们短暂的休息,亭廊的设计通常选择视野比较开阔的位置,人们不仅可以休息,还可以停下来欣赏优美的风景。

参考文献

[1] Little C. Greenways for American [M]. Baltimore：Johns Hopkins University Press，1990：7-20.

[2] Faros J. Greenway Planning in the United States：Its Origins and Recent Case Studies [J]. Landscape and Urban Planning，2004，68（2-3）：321-342.

[3] Fabos J G，Ahern J. Greenway：The Beginning of an International Movement [M]. Amsterdam：Elsevier，1996.

[4] 李团胜,王萍. 绿道及其生态意义[J]. 生态学杂志,2001（6）:59-61.

[5] 周年兴,俞孔坚,黄震方,等. 绿道及其研究进展[J]. 生态学报，2006（9）：31-32.

[6] 张文,范闻捷. 城市中的绿色通道及其功能[J]. 国外城市规划，2000（3）：40-42.

[7] 谭少华,赵万民. 绿道规划研究进展与展望[J]. 中国园林,2007（3）:85-89.

[8] 杨凯. 平原河网地区水系结构特征及城市化响应研究[D]. 上海:华东师范大学,2006.

[9] 卢彦,廖庆玉,李靖. 岛屿生物地理学理论与保护生物学介绍[J]. 广州环境科学,2011（1）:10-12.

[10] 赵淑清,方精云,雷光春. 物种保护的理论基础——从岛屿生物地理学理论到集合种群理论[J]. 生态学报,2001（7）:171-179.

[11] 夏媛,夏兵,李辉,等.基于生态功能保护原理的绿道规划策略探讨——以珠江三角洲绿道规划为例[J].规划师,2011(9):39-43.

[12] 王虹扬,盛连喜.物种保护中几个重要理论探析[J].东北师大学报:自然科学版,2004(4):116-121.

[13] 俞孔坚,李迪华,段铁武.生物多样性保护的景观规划途径[J].生物多样性,1999(3):205-212.

[14] Searns R. The Evolution of Greenways as an Adaptive Urban Landscape Form [J]. Landscape and Urban Planning,1995,33(1-3):65-80.

[15] Tan K. A Greenway Network for Singapore [J]. Landscape and Urban Planning,2006,7(1-4):45-66.

[16] Scudo K Z. The Greenways of Pavia:Innovations in Italian Landscape Planning [J]. Landscape and Urban Planning,2006,76(1):112-133.

[17] 徐文辉,吴隽宇.广东增城绿道系统使用后评价(POE)研究[J].中国园林,2011(4):39-44.